高等职业教育测绘地理信息类规划教材

控 制 测 量

主　编　刘　岩
副主编　杨　雷　李金生
主　审　谷云香

武汉大学出版社

图书在版编目(CIP)数据

控制测量/刘岩主编.—武汉:武汉大学出版社,2020.5(2024.7 重印)
高等职业教育测绘地理信息类规划教材
ISBN 978-7-307-21374-6

Ⅰ.控… Ⅱ.刘… Ⅲ.控制测量—高等职业教育—教材 Ⅳ.P221

中国版本图书馆 CIP 数据核字(2019)第 290680 号

责任编辑:杨晓露　　　责任校对:汪欣怡　　　版式设计:马　佳

出版发行:**武汉大学出版社**　　(430072　武昌　珞珈山)
　　　　　(电子邮箱:cbs22@whu.edu.cn 网址:www.wdp.com.cn)
印刷:武汉图物印刷有限公司
开本:787×1092　1/16　印张:14.25　字数:347 千字　插页:1
版次:2020 年 5 月第 1 版　　2024 年 7 月第 7 次印刷
ISBN 978-7-307-21374-6　　定价:36.00 元

版权所有,不得翻印;凡购买我社的图书,如有质量问题,请与当地图书销售部门联系调换。

前　言

　　本书是按照辽宁生态工程职业学院专业教学改革工作实施方案的总体要求编写的项目化、信息化的校本教材，教材的编写基于校企合作、打造特色的原则，体现了高等职业教育职业性、实践性、开放性的要求，本教材是工程测量技术专业建设的重要成果之一。

　　本教材编写以项目为导向、对接控制测量岗位要求，突出一线控制测量岗位实际作业各项能力的培养，能够满足高职测绘类专业"控制测量"课程"教中学、学中做"的需要，并配套《控制测量实训》强化技能训练。具体有以下特点：

　　（1）以注重实践、理论够用为原则，以控制测量的实际工作项目为导向整合和优化教学内容，突出现代化技术在控制测量内外业中的应用。

　　（2）采用"项目导向+任务驱动"编写体系，每一项目基于生产一线控制测量作业工作过程和学生的认知规律编排组织教学内容，并以任务驱动形式展开教学，强化了工作过程的完整性，实现了学习过程和工作过程的有机融合。

　　（3）根据高职教育特点，从企业聘请了生产一线专家、高技能人才共同开发体现校企深度融合特色的项目化教材。

　　（4）为满足现代学习者个性化、自主性和实践性的要求，本教材有机整合并合理运用优秀的教学资源。课程资源主要包括课件、视频、动画、微课、试题库等，通过课程资源库、课程微信公众号等平台提供给读者。

　　（5）教材编写采用国家最新颁布的相关测绘行业标准，并以此标准衡量学习者的技能训练成果。

　　本书在编写过程中引用了大量的规范、专业文献和其他相关资料；华东冶金地质勘查局杨雷高级工程师通读了全书，并提出了宝贵的修改意见，在此一并表示衷心的感谢。

　　本书由辽宁生态工程职业学院刘岩担任主编，华东冶金地质勘查局综合地质大队高级工程师杨雷、辽宁生态工程职业学院副教授李金生担任副主编，辽宁生态工程职业学院彭博、姜志文，辽宁城市建设职业技术学院矫丽娜参与了编写工作。具体编写分工如下：李金生编写项目1、2，彭博编写项目3，姜志文编写项目4，杨雷编写项目5，矫丽娜编写项目6、7，刘岩编写项目8、9、10。刘岩对部分项目、任务予以补充、修改，并负责统稿定稿，由辽宁生态工程职业学院谷云香教授统审全书。

　　限于编者水平、经验，书中难免有疏漏和不足之处，恳请使用本教材的老师、同行专家和广大读者提出宝贵意见，以便日后进一步修正与完善。

目 录

课程导入 ………………………………………………………………………………………… 1

项目 1 控制测量基本知识 ………………………………………………………………… 3
任务 1.1 控制测量的基本任务与主要内容 …………………………………………… 3
任务 1.2 控制网布设的基本形式 ……………………………………………………… 6
任务 1.3 国家平面控制网的布设原则和方案 ………………………………………… 10
任务 1.4 国家高程控制网的布设原则和方案 ………………………………………… 15
任务 1.5 工程测量控制网的布设原则和方案 ………………………………………… 16
任务 1.6 控制测量的作业流程 ………………………………………………………… 18

项目 2 控制测量技术设计 ………………………………………………………………… 21
任务 2.1 控制测量技术设计的编写 …………………………………………………… 21
任务 2.2 控制测量技术设计实例 ……………………………………………………… 28

项目 3 精密角度测量 ……………………………………………………………………… 35
任务 3.1 精密光学经纬仪的结构与操作 ……………………………………………… 35
任务 3.2 精密角度测量外业实施 ……………………………………………………… 45
任务 3.3 全站仪角度测量 ……………………………………………………………… 50
任务 3.4 精密角度测量误差来源及影响 ……………………………………………… 51

项目 4 精密距离测量 ……………………………………………………………………… 58
任务 4.1 电磁波测距基本知识 ………………………………………………………… 58
任务 4.2 电磁波测距的外业实施与内业计算 ………………………………………… 62
任务 4.3 电磁波测距的误差来源及影响 ……………………………………………… 66

项目 5 全站仪导线测量 …………………………………………………………………… 71
任务 5.1 全站仪结构与操作 …………………………………………………………… 71
任务 5.2 导线测量的外业工作 ………………………………………………………… 86
任务 5.3 导线测量的内业计算 ………………………………………………………… 92

项目 6 精密水准测量 ……………………………………………………………………… 98
任务 6.1 高程基准建立与水准网布设 ………………………………………………… 98

任务 6.2　精密水准仪和水准尺 ………………………………………………………… 105
　　任务 6.3　精密水准测量仪器的检验 …………………………………………………… 113
　　任务 6.4　精密水准测量的实施 ………………………………………………………… 118
　　任务 6.5　精密水准测量的误差来源与影响 …………………………………………… 127

项目 7　三角高程测量 …………………………………………………………………………… 134
　　任务 7.1　三角高程测量技术要求 ……………………………………………………… 134
　　任务 7.2　精密光学经纬仪垂直角观测 ………………………………………………… 135
　　任务 7.3　电磁波测距三角高程测量 …………………………………………………… 137

项目 8　椭球计算与高斯投影 …………………………………………………………………… 144
　　任务 8.1　椭球面的几何特征与常用坐标系 …………………………………………… 144
　　任务 8.2　椭球面的测量计算 …………………………………………………………… 150
　　任务 8.3　高斯投影与分带 ……………………………………………………………… 157
　　任务 8.4　高斯投影计算 ………………………………………………………………… 161
　　任务 8.5　常用测量坐标系及其转换 …………………………………………………… 164
　　任务 8.6　工程坐标系的建立 …………………………………………………………… 178

项目 9　控制网平差计算 ………………………………………………………………………… 184
　　任务 9.1　测量平差基础 ………………………………………………………………… 184
　　任务 9.2　常用控制网平差软件应用 …………………………………………………… 194

项目 10　控制测量技术总结 ……………………………………………………………………… 214
　　任务 10.1　控制测量技术总结的编制 ………………………………………………… 214
　　任务 10.2　技术总结实例 ……………………………………………………………… 215

参考文献 …………………………………………………………………………………………… 224

课程导入

一、课程基本性质

控制测量是在一定区域范围内,按测量任务所要求的精度,建立控制网,测定一系列地面标志点(控制点)的水平位置和高程,即三维坐标(x, y, H),并监测其随时间变化量的工作。

"控制测量"课程是测绘类专业开设的理论性和实践性很强的一门应用型专业课程,它是测绘工作者必须要掌握的一门实用技术,该技术是进行所有测绘工作的基础和依据。学习者可关注本课程微信公众号,以便学习与交流。

"控制测量"课程是在"地形测量"、"测量平差"等课程基础上开设的,该课程结束后还要开设"GNSS 测量"、"数字化测图"、"摄影测量"、"工程测量"等后续课程。该课程是测绘类专业学生知识和能力结构的重要组成部分。

二、课程的地位与作用

本课程以专业教学标准为依据,围绕控制测量岗位需求,以工程建设各个阶段所需要的控制测量工作流程为主线,以控制测量的工作项目为载体进行课程设计,体现课程的职业性、实践性和开放性。课程设计突出工作过程,培养学生的技能,并将知识的学习贯穿于工作过程的实践中,最终达到培养学生职业能力的要求。

通过对本课程的学习,使学生掌握控制网技术设计方法、外业作业基本技能、内业数据处理方法,能熟练地操作仪器获得合格的观测成果,同时能够利用计算机进行控制网概算和平差计算,并能编写控制网技术设计和测量技术总结,具备进行控制测量工作的基本职业技能。学习者可扫描右侧二维码查看该课程导入情况。

三、课程设计

1. 目标设计

本课程教学目标的设计要体现测绘行业高等职业教育的特点,要服务于测绘类专业人才培养目标的要求。

(1)知识目标:通过本课程的学习,使学生掌握控制网施测的原理、外业数据采集、记录及内业计算的方法;

(2)能力目标：独立完成工程控制网的技术设计、外业观测、内业数据处理和编写控制测量技术总结报告书；

(3)素质目标：通过课程的学习，学生应有良好的职业道德和分工协作的团队意识。

2. 考核与评价设计

以测量工作任务为中心的课程决定了考核与评价的多样性，不但有传统的笔试考试模式，还灵活采用过程考核、结果考核、校内考核、企业考核等方式，教学效果的评价要体现职业性、实践性和开放性的要求。

四、本课程与地形测量课程的区别与联系

"控制测量"与前导课程"地形测量"的主要区别在于：

(1)测量的精度等级更高，工作更加严密；

(2)测量的范围更加广泛；

(3)控制测量宏观上更加精密地测定控制点的位置，构成整体控制网框架。

"控制测量"与"地形测量"课程学习仪器及作业方法简要对比如表0-1所示：

表0-1　　"控制测量"与"地形测量"课程学习仪器及作业方法简要对比

序号	学习项目	"地形测量"课程	"控制测量"课程
1	角度测量	J6普通光学经纬仪(6″)	J2精密光学经纬仪(0.1″) 全站仪
2	距离测量	钢尺、视距法测距	全站仪
3	高差测量	S3普通光学水准仪(1mm)	S1精密光学水准仪(0.01mm) 精密电子水准仪(0.01mm)
4	控制测量	图根导线测量 四等水准测量	一级导线测量 二等水准测量 卫星定位控制测量
5	平差计算	手算平差	电算平差
6	测绘地形图	地形图测绘及应用	无
7	椭球计算	无	椭球计算与高斯投影
8	技术设计	无	控制测量技术设计
9	技术总结	无	控制测量技术总结

项目 1　控制测量基本知识

【项目简介】
　　本项目主要介绍控制测量工作的基本知识，包括控制测量的基本任务与主要内容；控制网布设的基本形式；国家平面、高程控制网和工程控制网的布设原则和方案；控制测量的作业流程等。

【教学目标】
　　通过本项目的学习，让学生对"控制测量"课程的相关知识有一个整体的概念，掌握控制测量在工程建设各个阶段的基本任务，了解控制网布设的基本形式及我国国家控制网的布设现状与特点，了解工程控制网的布设原则和方案，掌握控制测量工作的基本工作过程。

任务 1.1　控制测量的基本任务与主要内容

一、控制测量的含义

　　在进行某项测量工作时，往往需要确定许多地面点的位置。假如从一个已知点出发，逐点进行测量和推导，最后虽可得到待测各点的位置，但这些点很可能是不正确的，因为前一点的测量误差将会传递到下一点。这样积累起来，最后可能达到不可允许的程度。因此，测量工作必须依照一定的原则和方法来防止测量误差的积累。

　　在实际测量工作中应遵循的原则是：在测量布局上要"从整体到局部"；在测量精度上要"由高级到低级"；在测量程序上要"先控制后碎部"，也就是在测区整体范围内选择一些有"控制"意义的点，首先把它们的坐标和高程精确地测定出来，然后以这些点作为已知点来确定其他地面点的位置。这些有控制意义的点组成了测区的测量骨干，称之为控制点。采用上述原则和方法进行测量，可以有效地控制误差的传递和积累，使整个测区的精度较为均匀和统一。为了测定控制点的坐标和高程所进行的测量工作称为控制测量，它包括平面控制测量和高程控制测量。控制测量是整个测量过程中的重要环节，它起着控制全局的作用。对于任何一项测量任务，必须先进行整体性的控制测量，然后以控制点为基础进行局部的碎部测量。例如大桥的施工测量，首先建立施工控制网，进行符合精度要求的控制测量，然后在控制点上安置仪器进行桥梁细部构造的放样。

　　控制测量是指在一定的范围内，按测量任务所要求的精度，测定一系列地面标志点（控制点）的水平位置和高程，建立控制网，并监测其随时间变化量的工作。它是在大地测量学基本理论基础上以工程建设测量为主要服务对象而发展和形成的，为人类社会活动提供了有用的空间信息。因此，从本质上说，它属于地球空间信息学科，是测绘学的一个重要分支，是工程建设测量中的基础学科，也是应用学科，在测绘类专业人才培养中占有重要的地位。

二、控制测量的基本任务

控制测量的服务对象主要是各种工程建设、城镇建设和土地规划与管理等工作。这就决定了它的测量范围比大地测量要小，并且在观测手段和数据处理方法上还具有多样化的特点。

作为控制测量服务对象的工程建设工作，在进行过程中，大体上可分为设计、施工和运营3个阶段，具体可扫描右侧二维码查看。每个阶段都对控制测量提出不同的要求，其基本任务分述如下。

（一）在设计阶段，建立用于测绘大比例尺地形图的测图控制网

各种比例尺地形图是工程勘测规划设计的依据。在这一阶段，设计人员要在大比例尺地形图上进行建筑物的设计或区域规划，以求得设计所依据的各项数据。因此，控制测量的任务是布设作为图根控制依据的测图控制网，以保证地形图的精度和各幅地形图之间的准确拼接。此外，对于地籍与房产测绘工作，这种测图控制网也是相应地籍与房产测量的根据。

（二）在施工阶段，建立施工控制网

施工控制网是工程施工放样的依据。在这一阶段，施工测量的主要任务是将图纸上设计的建筑物放样到实地上去。对于不同的工程来说，施工测量的具体任务也不同。例如，隧道施工测量的主要任务是保证对向开挖的隧道能按照规定的精度贯通，并使各建筑物按照设计的位置修建；放样过程中，仪器所标出的方向、距离都是依据控制网和图纸上设计的建筑物计算出来的。因而在施工放样之前，需建立具有必要精度的施工控制网。

（三）在工程竣工后的运营阶段，建立以监视建筑物变形为目的的变形观测控制网

变形观测控制网是进行建筑物变形观测的依据。由于在工程施工阶段改变了地面的原有状态，加之建筑物本身的重量将会引起地基及其周围地层的不均匀变化。此外，建筑物本身及其基础，也会由于地基的变化而产生变形，这种变形，如果超过了某一限度，就会影响建筑物的正常使用，严重的还会危及建筑物的安全。在一些大城市，由于地下水的过量开采，也会引起市区大范围的地面沉降，从而造成危害。因此，在竣工后的运营阶段，需对这种有怀疑的建筑物或市区进行变形监测。为此需布设变形观测控制网。由于这种变形的数值一般都很小，为了能足够精确地测出它们，要求变形观测控制网具有较高的精度。

应说明的是，以上3个阶段的划分界线并不是十分明确。例如在施测阶段，有可能发现技术设计不符合实际，因而需局部进行修改设计，这实际上又重新进行了设计与施测；同样在控制网的使用阶段，由于包含了网的维护与补测，因而部分地重复上述前2个阶段

的工作也时有发生。

三、控制测量的作用

从控制测量工作性质来说，其主要作用在于：

(1)控制网(点)是进行各项测量工作的基础。控制网的建立是为完成具体测量任务而进行的前期准备工作。为满足地形测绘需要，建立测图控制网；为满足工程施工需要，建立施工控制网；为满足工程运营管理需要，建立变形监测控制网。

(2)控制网具有控制全局的作用。测量的基本原则，要求"从整体到局部，先控制后碎部"，对测图控制网而言，要求所测的各幅地形图具有一定的精度，能够相互拼接成一个整体；对施工控制网而言，为保证建筑物各轴系之间相关位置的正确性，施工控制网要满足施工放样的精度要求。

(3)控制网可以限制测量误差的传递和积累。建立控制网时采用分级布网、逐级控制的原则，从技术上限制了误差的传递和积累。

从控制测量服务对象来说，其主要作用在于：

(1)在国民经济建设和社会发展中，发挥基础性的重要保证作用。我国的交通运输、资源开发、水利水电工程、工业企业建设、农业生产规划、城市管理等事业的建设，都离不开作为规划设计依据的地形图。可以说，地形图是一切经济建设规划和发展必需的基础性资料。为了测绘地形图，就要布设全国范围内及区域性的大地测量控制网，以此为基础布设满足各种比例尺地形图测绘的测图控制网。因此可以说，控制测量在国民经济建设和社会发展中发挥着决定性的基础保证作用。

(2)控制测量在防灾、减灾、救灾及环境监测、评价与保护中发挥着特殊作用。利用行进的 GPS、甚长基线干涉(VLBI)、激光测卫(SLR)等现代测量技术，可自动连续监测全球板块之间的运动，为人类预防地震造福。控制测量还可以在山体滑坡、泥石流及雪崩等灾害监测中发挥作用。利用 GPS 的快速准确定位及卫星通信技术，将遇难的地点及情况通告救援组织，以便及时采取救援行动。

(3)控制测量在发展空间技术和国防建设中，在丰富和发展当代地球科学的有关研究中，以及在发展测绘工程事业中的地位和作用也越来越重要。

四、控制测量的主要内容

把控制测量看作研究对象，从科学研究的角度来说，控制测量的主要研究内容有：

(1)研究建立和维持高科技水平的工程和国家水平控制网与精密水准网的原理和方法，以满足国民经济和国防建设以及地学科学研究的需要。

(2)研究获得高精度测量成果的精密仪器和科学的使用方法。

(3)研究地球表面测量成果向椭球及平面的数学投影变换及有关问题的测量计算。

(4)研究高精度和多类别的地面网、空间网及其联合网的数学处理的理论和方法、控制测量数据库的建立及应用等。

把控制测量看作一项工程，从完成工程项目的角度来说，控制测量的主要内容有：

（1）控制网的技术设计。主要对控制网的精度指标、工艺技术流程、工程进度、质量控制等进行设计。

（2）控制网的施测。依据技术设计报告和文件，完成控制网的选点、埋石、外业测量和数据处理。

（3）控制网的使用与维护。主要对控制网的成果进行有效管理，为工程建设项目的后续工作提供有用资料，并对控制网进行维护，必要时进行复测或补测。

以上概述了一般意义下的控制测量的基本任务和主要内容。本书依据这些基本体系和内容，介绍了控制测量的基本理论、技术和方法，为学生对后续课程的学习及从事测绘事业的专业技术人员打下坚实的基础。

控制测量在许多方面发挥着重要作用。地形图是一切经济建设规划和发展必需的基础性资料。为测制地形图，首先要布设全国范围内及局域性的大地测量控制网，为取得大地点的精确坐标，必须要建立合理的大地测量坐标系以及确定地球的形状、大小及重力场参数。因此，控制测量在国民经济建设和社会发展中发挥着决定性的基础保证作用。

任务1.2　控制网布设的基本形式

一、平面控制网的布设形式

控制测量的主要任务就是建立各种高精度测量控制网，用于精确测定地面点的位置，为后续的测量工作提供基础保障。随着测绘技术的不断发展，控制网的布设形式也在发生变化，正在由常规平面控制网的布设形式向以现代测量新技术为代表的新一代布网形式过渡。平面控制网的建立，可采用三角网测量、导线测量、卫星定位测量等方法。

(一) 三角网测量

三角网是由一系列相连的三角形构成的测量控制网，是对以往三角网、三边网和边角网的统称。三角网测量是通过测定三角网中各三角形的顶点水平角、边的长度，来确定控制点位置的方法。

20世纪70年代之前，三角测量是进行平面控制测量的首选方法，三角测量的体现形式就是三角网。在地面上选定一系列点位1，2，…，使互相观测的两点通视，把它们按三角形的形式连接起来即构成三角网。三角网中的观测量是网中的全部(或大部分)方向值。根据方向值可算出任意两个方向之间的夹角。

由于这种方法主要使用经纬仪完成大量的野外观测工作，所以在电磁波测距仪问世以前的年代，三角网是布设各级控制网的主要形式。三角网的主要优点是：图形简单，网的精度较高，有较多的检核条件，易于发现观测中的粗差，便于计算。缺点是：在平原地区或隐蔽地区易受障碍物的影响，布网困难，有时不得不建造较高的觇标。

作为我国国家控制网的基本观测方法，在以前曾发挥过重要的作用，目前在实际工作中，大范围控制测量都采用卫星定位静态测量，小范围控制测量一般采用导线测量，三角网测量方法极少使用。

任何一个三角网均包含以下三类数据：
(1)起算数据。控制网的已知数据，包括起算点坐标、边长、方位角、高程等。
(2)观测数据。控制网中通过观测得到的数据。
(3)推算数据。由已知数据和观测数据经推算得到的数据(通常为结果数据)。

根据起算数据和观测数据，用正统定理依次推算出所有三角网的边长、各边的坐标方位角和各点的平面坐标，这就是三角测量的基本原理和方法。

以图1-1为例，待定点3的坐标可按下式计算：

$$S_{13} = S_{12}\frac{\sin B}{\sin C}$$

$$\alpha_{13} = \alpha_{12} + A$$

$$\begin{cases}\Delta x_{13} = S_{13}\cos\alpha_{13}\\ \Delta y_{13} = S_{13}\sin\alpha_{13}\end{cases}$$

$$\begin{cases}x_3 = x_1 + \Delta x_{13}\\ y_3 = y_1 + \Delta y_{13}\end{cases}$$

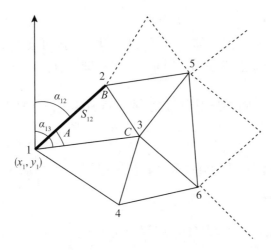

图1-1 三角网特定点坐标计算

(二) 导线测量

导线网是目前工程测量控制网较常用的一种布设形式，它包括单一导线和具有一个或多个节点的导线网。网中的观测值是角度(或方向)和边长。独立导线网的起算数据是：一个起算点的 x,y 坐标和一个方向的方位角。

按照不同的情况和要求，导线可以布置成单一导线和导线网。单一导线又分为附合导线、闭合导线、支导线等形式，几条单一导线通过一个或多个节点连接成网状就称为导线网。图1-2为三个节点组成的导线网。

导线网与三角网相比，主要优点在于：
(1)网中各点上的方向数较少，除节点外只有两个方向，因而受通视要求的限制较

图 1-2 三个节点组成的导线网

小，易于选点和降低觇标高度，甚至无须造标。

(2) 导线网的图形非常灵活，选点时可根据具体情况随时改变。

(3) 网中的边长都是直接测定的，因此边长的精度较均匀。

导线(网)的主要缺点有：

(1) 导线网中的多余观测数较同样规模的三角网要少，有时不易发现观测值中的粗差，因而可靠性相对较差。

(2) 导线点控制的面积狭小。

由上述可见，导线(网)特别适合布设于障碍物较多的平坦地区或隐蔽地区。

(三) 卫星定位测量

卫星定位测量是利用两台或两台以上接收机同时接收多颗定位卫星信号，确定地面点相对位置的方法。

卫星定位系统是一种使用卫星对某物进行准确定位的技术，它从最初的定位精度低、不能实时定位、难以提供及时的导航服务，发展到现如今的高精度导航卫星定位系统(GNSS)，实现了在任意时刻、地球上任意一点都可以同时观测到 4 颗卫星，以便实现导航、定位、授时等功能。卫星定位可以用来引导飞机、船舶、车辆以及个人，安全、准确地沿着选定的路线，准时到达目的地。卫星定位还可以应用到手机追寻等功能中。

当今，GNSS 不仅是国家安全和经济的基础设施，也是体现现代化大国地位和国家综合国力的重要标志。由于其在政治、经济、军事等方面具有重要的意义，世界主要军事大国和经济体都在竞相发展独立自主的卫星导航系统。世界当前主流的 GNSS 有：美国 GPS、俄罗斯 GLONASS、欧盟 GALILEO 和中国北斗卫星导航系统(BDS)。

2007 年 4 月 14 日，我国成功发射了第一颗北斗卫星，2019 年 4 月 20 日，我国成功发射了第四十四颗北斗导航卫星，这颗卫星是北斗三号系统第二十颗组网卫星，也是北斗三号系统首颗倾斜地球同步轨道卫星。北斗系统服务范围已由区域扩展为全球，北斗系统正式迈入全球时代。2020年，我国将建成世界一流的卫星导航系统，提供更优质的服务；2035年，我国将建成以北斗为核心，更加泛在、更加融合、更加智能的综合定位导航授时(PNT)体系。

随着卫星定位技术的发展，许多大、中城市的测绘单位及工程测量单位都广泛应用卫星定位测量方法布设控制网，给控制测量带来了革命性改变，由于卫星定位测量精度高、测量速度快、经济省力、操作简便、全天候工作等诸多优点，目前卫星定位测量方法已经占据平面控制测量绝对的主导地位。

二、高程控制网的布设形式

国家高程控制网是用水准测量方法布设的，其布设原则与平面控制网布设原则相同。根据分级布网的原则，将水准网分成四个等级。一等水准路线是高程控制的骨干，在此基础上布设的二等水准路线是高程控制的全面基础；在一、二等水准网的基础上加密三、四等水准路线，直接为地形测量和工程建设提供必要的高程控制。按国家水准测量规范规定，各等级水准路线一般都应构成闭合环线或附合于高级水准路线上。

工程高程控制网的布设也应遵循分级布设的原则。

关于工程高程控制网的布设方案，《城市测量规范》(CJJ/T 8—2011)规定，可以采用水准测量和三角高程测量。水准测量分为二、三、四等，作为工程高程控制网或专用高程控制网的基础。首级水准网等级的选择应根据城市面积的大小、城市的远景规划、水准路线的长短而定。首级网应布设成闭合环线，加密网可布设附合路线、节点网和闭合环。只有在山区等特殊情况下，才允许布设水准支线。

三角高程测量主要用于山区的高程控制和平面控制点的高程测定。应特别指出的是电磁波测距三角高程测量，近年来经过研究已普遍认为该法可达到四等水准测量的精度，也有人认为可以代替三等水准测量。因而《城市测量规范》(CJJ/T 8—2011)规定，根据仪器精度和经过技术设计认为能满足城市高程控制网的基本精度时，可用以代替相应等级的水准测量。

高程控制网是进行各种比例尺测图和各种工程测量的高程控制基础，建立高程控制网的常用方法是几何水准测量、三角高程测量和GPS高程测量。

(一)几何水准测量

用水准仪配合水准标尺进行水准测量的方法称为几何水准测量法。用该方法建立起来的高程控制网称为水准网。直接用几何水准测量方法传递高程，可以取得很高的精度，它是建立全国性高程控制网、城市控制网等高精度高程控制网的主要方法。

(二)三角高程测量

三角高程测量的基本原理，是根据测站点观测照准点的垂直角和两点间的距离(平距或斜距)来计算测站点与照准点之间的高差，进而求得地面点的高程。这种方法虽然精度较低，但布网简便灵活，受地形限制较小，适用于地形起伏较大的地区或精度要求较低的场合，因此作为一种辅助方法，有时也能起到重要作用。

(三) GPS 高程测量

采用 GPS 测定正高或正常高，称为 GPS 水准。通常，通过 GPS 测出的是大地高，要确定点的正高或正常高，需要进行高程系统转换，即需确定大地水准面差距或高程异常。由此可以看出，GPS 水准实际上包括两方面内容：一方面是采用 GPS 方法确定大地高，另一方面是采用其他技术方法确定大地水准面差距或高程异常。如果大地水准面差距已知，就能够进行大地高与正高间的相互转换，但当其未知时，则需要设法确定大地水准面差距的数值。GPS 网应与四等或四等以上的水准点联测。联测的 GPS 点，宜分布在测区的四周和中央。或测区为带状地形，则联测的 GPS 点应分布于测区两端及中部。

三、控制网的质量指标

在控制网的设计阶段，质量标准是设计的依据和目的，同时又是评定网的质量的指标。质量标准包括精度标准、可靠性标准、费用标准、可区分标准及灵敏度标准等。其中常用的主要是前 3 个标准。

(一) 精度标准

网的精度标准以观测值仅存在随机误差为前提，使用坐标参数的方差-协方差阵 D_{xx} 或协因数阵 Q_{xx} 来度量，要求网中目标成果的精度应达到或高于预定的精度。

(二) 可靠性标准

可靠性理论是以考虑观测值中不仅含有随机误差，还含有粗差为前提，并把粗差归入函数模型之中来评价网的质量。

网的可靠性，是指控制网能够发现观测值中存在的粗差和抵抗残存粗差对平差结果影响的能力。

(三) 费用标准

布设任何控制网都不可一味追求高精度和高可靠性而不考虑费用问题，尤其是在讲究经济效益的今天更是如此。网的优化设计，就是得出在费用最小（或不超过某一限度）的情况下使其他质量指标能满足要求的布网方案。

任务 1.3　国家平面控制网的布设原则和方案

一、布设原则

我国幅员辽阔，在大部分领域上布设国家天文大地网，是一项规模巨大的工程。为完成这一基本工程建设，在中华人民共和国成立初期国民经济相当困难的情况下，国家专门抽调了一批人力、物力、财力，从 1951 年即开始野外工作，一直延续到 1971 年才基本结束。面对如此艰巨的任务，显然事先必须全面规划、统筹安排，制定一些基本原则，用以指导建网工作。这些原则是：分级布网、逐级控制；应有足够的精度；应有足够的密度；应有统一的规格。现进一步论述如下。

(一)分级布网、逐级控制

由于我国领土辽阔，地形复杂，不可能用最高精度和较大密度的控制网一次布满全国。为了适时地保障国家经济建设和国防建设用图的需要，根据主次缓急而采用分级布网、逐级控制的原则是十分必要的。即先以精度高而稀疏的一等三角锁尽可能沿经纬线方向纵横交叉地迅速布满全国，形成统一的骨干大地控制网，然后在一等锁环内逐级(或同时)布设二、三、四等控制网。

(二)应有足够的精度

控制网的精度应根据需要和可能来确定。作为国家大地控制网骨干的一等控制网，应力求精度更高些才有利于为科学研究提供可靠的资料。

为了保证国家控制网的精度，必须对起算数据和观测元素的精度、网中图形角度的大小等，提出适当的要求和规定。这些要求和规定均列于《国家三角测量和精密导线测量规范》(以下简称国家规范)中。

(三)应有足够的密度

控制点的密度，主要根据测图方法及测图比例尺的大小而定。比如，用航测方法成图时，密度要求的经验数值见表1-1，表中的数据主要是根据经验得出的。

表1-1 各种比例尺航测成图时对平面控制点的密度要求

测图比例尺	每幅图要求点数	每个三角点控制面积（km²）	三角网平均边长（km）	等级
1∶50 000	3	约150	13km	二等
1∶25 000	2~3	约50	8km	三等
1∶10 000	1	约20	2~6km	四等

由于控制网的边长与点的密度有关，所以在布设控制网时，对点的密度要求是通过规定控制网的边长而体现出来的。对于三角网而言，边长 s 与点的密度(每个点的控制面积) Q 之间的近似关系为 $s = 1.07\sqrt{Q}$。将表1-1中的数据代入此式得出：

$$s = 1.07\sqrt{150} \approx 13\text{km}$$
$$s = 1.07\sqrt{50} \approx 8\text{km}$$
$$s = 1.07\sqrt{20} \approx 5\text{km}$$

因此国家规范中规定，国家二、三等三角网的平均边长分别为13km和8km。

(四)应有统一的规格

由于我国三角锁网的规模巨大，必须有大量的测量单位和作业人员分区同时进行作业，为此，必须由国家制定统一的大地测量法式和作业规范，作为建立全国统一技术规格的控制网的依据。

二、三角锁布设方案

根据国家平面控制网施测时的测绘技术水平，我国决定采取传统的三角网作为水平控制网的基本形式，只是在青藏高原特殊困难的地区布设了一等电磁波测距导线。现将国家三角网的布设方案和精度要求概略介绍如下。

（一）一等三角锁布设方案

一等三角锁是国家大地控制网的骨干，其主要作用是控制二等以下各级三角测量，并为地球科学研究提供资料。

一等三角锁尽可能沿经纬线方向布设成纵横交叉的网状图形，如图1-3所示。在一等三角锁交叉处设置起算边，以获得精确的起算边长，并可控制锁中边长误差的积累，起算边长度测定的相对中误差 $\frac{m_b}{b} < 1 : 350\,000$。多数起算边的长度是采用基线测量的方法求得的。随着电磁波测距技术的发展，后来少数起算边的测定已为电磁波测距法所代替。

图1-3 国家一等三角锁

一等锁在起算边两端点上精密测定了天文经纬度和天文方位角，作为起算方位角，用来控制锁、网中方位角误差的积累。一等天文点测定的精度是：纬度测定的中误差 $m_\varphi \leq \pm 0.3''$，经度测定的中误差 $m_\lambda < \pm 0.02''$，天文方位角测定的中误差 $m_\alpha < \pm 0.5''$。

一等锁两起算边之间的锁段长度一般为200km左右，锁段内的三角形个数一般为16~17个。角度观测的精度，按一锁段三角形闭合差计算所得的测角中误差应小于 $\pm 0.7''$。

一等锁一般采用单三角锁。根据地形条件，也可组成大地四边形或中点多边形，但对于不能显著提高精度的长对角线应尽量避免。一等锁的平均边长，山区一般约为25km，平原区一般约为20km。

(二)二等三角锁、网布设方案

二等三角网是在一等锁控制下布设的,它是国家三角网的全面基础,同时又是地形测图的基本控制。因此,必须兼顾精度和密度两个方面的要求。

20世纪60年代以前,我国二等三角网曾采用二等基本锁和二等补充网的布置方案。即在一等锁环内,先布设沿经纬线纵横交叉的二等基本锁(图1-4),将一等锁环分为大致相等的4个区域。二等基本锁平均边长为15~20km;按三角形闭合差计算所得的测角中误差小于±1.2″。另在二等基本锁交叉处测量基线,精度为1:200 000。

图1-4 国家二等三角锁

在一等三角锁和二等基本锁控制下,布设平均边长约为13km的二等补充网。按三角形闭合差计算所得的测角中误差小于±2.5″。

为了控制边长和角度误差的积累,以保证二等网的精度,在二等网中央处测定了起算边及其两端点的天文经纬度和方位角,测定的精度与一等点相同。当一等锁环过大时,还在二等网的适当位置,酌情加测了起算边。

二等网的平均边长为13km,由三角形闭合差计算所得的测角中误差小于±1.0″。由二等锁和旧二等网的主要技术指标可见,这种网的精度,远较二等全面网低。

(三)三、四等三角网布设方案

三、四等三角网是在一、二等网控制下布设的,是为了加密控制点,以满足测图和工程建设的需要。三、四等点以高等级三角点为基础,尽可能采用插网方法布设,但也采用了插点方法布设,或越级布网。即在二等网内直接插入四等全面网,而不经过三等网的加密。

三等网的平均边长为8km,四等网的边长在2~6km范围内变通。由三角形闭合差计算所得的测角中误差,三等为±1.8″,四等为±2.5″。

三、四等插网的图形结构如图 1-5 所示,图 1-5(a)中的三、四等插网,边长较长,与高级网接边的图形大部分为直接相接,适用于测图比例尺较小、要求控制点密度不大的情况。图 1-5(b)中的三、四等插网,边长较短,低级网只附合于高级点而不直接与高级边相接,适用于大比例尺测图、要求控制点密度较大的情况。

(a)　　　　　　　　　　　　(b)

图 1-5　国家三、四等插网

三、GPS 网布设方案

GPS 定位技术具有精度高、速度快、费用省、全天候、操作简便等优点,因此,它广泛应用于大地测量领域和工程测量领域。用 GPS 技术建立起来的控制网叫 GPS 网。一般可把 GPS 网分为两大类:一类是全球或全国性的高精度的 GPS 网,另一类是区域性的 GPS 网。后者是指国家 C、D、E 级 GPS 网或专为工程项目而建立的工程 GPS 网,这种网的特点是控制面积不大,边长较短,观测时间不长,现在全国用 GPS 技术布设的区域性控制网很多,下面只把我国利用 GPS 技术已建立的几个全国性的 GPS 网作简要介绍。

(一)国家 GPS A 级网

1992 年,在中国资源卫星应用中心和中国测绘规划设计中心的组织协调下,由国家测绘局、国家地震局等单位,利用国际全球定位系统地球动力学服务 IGS92 会战的机会,实施完成的一次全国性的精密 GPS 定位,建立了国家 GPS A 级网,目的是在全国范围内确定精确的地心坐标,建立起我国新一代的地心参考框架及其与国家坐标系的转换参数,以优于 10^{-7} 量级的相对精度确定站间基线向量,布设成国家 A 级网。全网由 27 个点组成,平均边长 800km,平差后在 ITRF 91 地心参考框架中的定位精度优于 0.1m,边长相对精度一般优于 10^{-8}。之后,又对 1992 年建立 GPS A 级网进行了改造,在我国西部等地区增加了新的点位。经数据精处理后基线分量重复性水平方向优于 $4mm+3ppm \cdot D$,垂直方向优于 $8mm+4ppm \cdot D$,地心坐标分量重复性优于 2cm。全网整体平差后,在 ITRF93 参考框架中的地心坐标精度优于 10cm,基线边长的相对精度优于 10^{-8}。

(二)国家 GPS B 级网

在国家 GPS A 级网的控制下,大约用了 5 年的时间,又建立了国家 GPS B 级网。全网由 818 个点组成,分布全国各地(除台湾地区外)。东部点位较密,平均站间距离 50~70km,中部地区平均站间距离 100km,西部地区平均站间距离 150km。外业自 1991 年开始,至 1995 年结束,经数据精处理后,点位中误差相对于已知点在水平方向优于 0.07m,高程方向优于 0.16m,平均点位中误差水平方向为 0.02m,垂直方向为 0.04m,基线相对精度达到 10^{-7}。

(三)全国 GPS 一、二级网

全国 GPS 一、二级网是军测部门建立的,一级网由 40 余个点组成。大部分点与国家三角点(或导线点)重合,对水准高程进行了联测。一级网相邻点间距离最大为 1667km,最小为 86km,平均为 683km。外业观测自 1991 年 5 月至 1992 年 4 月进行,网平差后基线分量相对误差平均在 0.01ppm,最大为 0.024ppm,绝大多数点的点位中误差在 2cm 以内。二级网由 500 多个点组成,二级网是一级网的加密。二级网与地面网联系密切,有 200 多个二级点与国家三角点(或导线点)重合,所有点都进行了水准联测,全网平均距离为 164.7km。外业观测于 1992—1994 年和 1995—1997 年两个阶段完成。网平差后基线分量相对误差平均在 0.02ppm,最大为 0.245ppm,网平差后大地纬度、大地经度和大地高的中误差平均值分别为 0.18cm、0.21cm 和 0.81cm。

任务 1.4 国家高程控制网的布设原则和方案

国家高程控制网是用水准测量方法布设的,其布设原则与平面控制网布设原则相同。根据分级布网、逐级控制的原则,将水准网分成四个等级。一等水准路线是高程控制的骨干,在此基础上布设的二等水准路线是高程控制的全面基础。在一、二等水准网的基础上加密三、四等水准路线,直接为地形测量和工程建设提供必要的高程控制。按国家水准测量规范规定,各等级水准路线一般都应构成闭合环线或附合于高级水准路线上。我国各级水准网布设的规格及精度见表 1-2。

表 1-2 各级水准网布设的规格及精度

等级		环线周长(km)	附合路线长(km)	M_Δ(mm)	M_w(mm)
一等	平原、丘陵	1000~1500	—	≤±0.5	≤±1.0
	山地	2000	—		
二等		500~750	—	≤±1.0	≤±2.0
三等		300	200	≤±3.0	≤±6.0
四等		—	80	≤±5.0	≤±10.0

表中:M_Δ——每千米水准测量高差中数的偶然中误差;
M_w——每千米水准测量高差中数的全中误差。

国家高程控制测量主要是用水准测量方法进行国家水准网的布测。国家水准网是全国范围内施测各种比例尺地形图和各类工程建设的高程控制基础，并为地球科学研究提供精确的高程资料，如研究地壳垂直形变的规律，各海洋平均海水面的高程变化，以及其他有关地质和地貌的研究等。

国家水准网的布设也是采用由高级到低级，从整体到局部逐级控制、逐级加密的原则。国家水准网分4个等级布设，一、二等水准测量路线是国家的精密高程控制网。一等水准测量路线构成的一等水准网是国家高程控制网的骨干，同时也是研究地壳和地面垂直运动以及有关科学问题的主要依据，每隔15~20年沿相同的路线重复观测一次。构成一等水准网的环线周长根据不同地形的地区，一般在1000~2000km之间。在一等水准环内布设的二等水准网是国家高程控制的全面基础，其环线周长根据不同地形的地区在500~750km之间。一、二等水准测量统称为精密水准测量。

我国一等水准网由289条路线组成，其中284条路线构成100个闭合环，共计埋设各类标石2万余座。

二等水准网在一等水准网的基础上布设。我国已有1138条二等水准测量路线，总长为13.7万千米，构成793个二等环。

三、四等水准测量直接提供地形测图和各种工程建设所必需的高程控制点。三等水准测量路线一般可根据需要在高级水准网内加密，布设附合路线，并尽可能互相交叉，构成闭合环。单独的附合路线长度应不超过200km；环线周长应不超过300km。四等水准测量路线一般以附合路线布设于高级水准点之间，附合路线的长度应不超过80km。

任务1.5 工程测量控制网的布设原则和方案

一、布设原则

如任务1.1所述，工程测量控制网可分为两种：一种是在各项工程建设的规划设计阶段，为测绘大比例尺地形图和房地产管理测量而建立的控制网，叫做测图控制网；另一种是为工程建筑物的施工放样或变形观测等专门用途而建立的控制网，我们称其为专用控制网。建立这两种控制网时亦应遵守下列布网原则。

（一）分级布网、逐级控制

对于工程测量控制网，通常先布设精度要求最高的首级控制网，随后根据测图需要、测区面积的大小再加密若干级较低精度的控制网。用于工程建筑物放样的专用控制网，往往分二级布设，第一级作总体控制，第二级直接为建筑物放样而布设；用于变形观测或其他专门用途的控制网，通常无须分级。

（二）要有足够的精度

以工程测量控制网为例，一般要求最低一级控制网（四等网）的点位中误差能满足大比例尺1:500的测图要求。按图上0.1mm的绘制精度计算，这相当于地面上的点位精度为 0.1×500=5cm。对于国家控制网而言,尽管观测精度很高,但由于边长比工程测量控制网长得多,待定点与起始点相距较远,因而点位中误差远大于工程测量控制网。

(三) 要有足够的密度

不论是工程测量控制网或专用控制网,都要求在测区内有足够多的控制点。如前所述,控制点的密度通常是用边长来表示的。对于三角形网平均边长的规定列于表1-3、表1-4中。

(四) 要有统一的规格

为了使不同的工程测量部门施测的控制网能够互相利用、互相协调,也应制定统一的规范,不同规范对测量技术要求会有区别,如现行的《城市测量规范》(CJJ/T 8—2011)和《工程测量规范》(GB 50026—2007)对于三角形网平均边长的规定如表1-3、表1-4所示。

表1-3　　　三角网的主要技术要求《城市测量规范》(CJJ/T 8—2011)

等级	平均边长(km)	测角中误差(″)	起算边相对中误差	最弱边相对中误差
二等	9	±1.0	1/300 000	1/120 000
三等	5	±1.8	1/200 000(首级) 1/120 000(加密)	1/80 000
四等	2	±2.5	1/120 000(首级) 1/80 000(加密)	1/45 000
一级小三角	1	±5	1/40 000	1/20 000
二级小三角	0.5	±10	1/20 000	1/10 000

表1-4　　　三角形网测量的主要技术要求《工程测量规范》(GB 50026—2007)

等级	平均边长(km)	测角中误差(″)	起算边相对中误差	最弱边相对中误差
二等	9	1	1/250 000	1/120 000
三等	4.5	1.8	1/150 000	1/70 000
四等	2	2.5	1/100 000	1/40 000
一级	1	5	1/40 000	1/20 000
二级	0.5	10	1/20 000	1/10 000

二、布设方案

现以《城市测量规范》(CJJ/T 8—2011)为例,将其中三角网的主要技术要求列于表1-3,电磁波测距导线的主要技术要求列于表1-5。从这些表中可以看出,工程测量三角网具有如下特点:①各等级三角网平均边长较相应等级的国家网边长显著地缩短;②三角网的等级较多;③各等级控制网均可作为测区的首级控制。这是因为工程测量服务对象非常广泛,测区面积大的可达几千平方千米(例如大城市的控制网),小的只有几公顷(例如工厂的建厂测量),根据测区面积的大小,各个等级控制网均可作为测区的首级控制;④三、四等三角网起算边相对中误差,按首级网和加密网分别对待。对独立的首级三角网而言,起算边由电磁波测距求得,因此起算边的精度以电磁波测距所能达到的精度来考虑。对加密网而言,则要求上一级网最弱边的精度应能作为下一级网的起算边,这样有利于分级布网、逐级控制,而且也有利于采用测区内已有的国家网或其他单位已建成的控制网作为起算数据。以上这些特点主要是考虑到工测控制网应满足最大比例尺 1:500 测图的要求而提出的。

表 1-5　　　　　　　　　电磁波测距导线的主要技术要求

等级	附合导线长度（km）	平均边长（m）	每边测距中误差（mm）	测角中误差（"）	导线全长相对闭合差
三等	15	3 000	±18	±1.5	1/60 000
四等	10	1 600	±18	±2.5	1/40 000
一级	3.6	300	±15	±5	1/14 000
二级	2.4	200	±15	±8	1/10 000
三级	1.5	120	±15	±12	1/6 000

此外,在我国目前测距仪使用较普遍的情况下,电磁波测距导线已上升为比较重要的地位。表 1-5 中电磁波测距导线共分 5 个等级,其中的三、四等导线与三、四等三角形网属于同一个等级。这 5 个等级的导线均可作为某个测区的首级控制。

三、专用控制网的布设特点

专用控制网是为工程建筑物的施工放样或变形观测等专门用途而建立的。由于专用控制网的用途非常明确,因此建网时应根据特定的要求进行控制网的技术设计。例如:桥梁三角网对于桥轴线方向的精度要求应高于其他方向的精度,以利于提高桥墩放样的精度;隧道三角网则对垂直于直线隧道轴线方向的横向精度的要求高于其他方向的精度,以利于提高隧道贯通的精度;用于建设环形粒子加速器的专用控制网,其径向精度应高于其他方向的精度,以利于精确安装位于环形轨道上的磁块。以上这些问题将在工程测量中进一步介绍。

任务 1.6　控制测量的作业流程

接受任务以后,先收集本测区的资料,包括小比例尺地形图和去测绘管理部门抄录已有控制点成果,然后去测区踏勘,了解测区行政隶属、气候及地物、地貌状况、交通现状、当地风俗习惯等。同时踏勘原有三角点、导线点和水准点,了解觇标、标石和标志的现状。

在收集资料和现场踏勘的基础上进行控制网的技术设计。既要考虑控制网的精度，又要考虑节约作业费用，也就是说在进行控制网图上选点时，要从多个方案中选择技术和经济指标最佳的方案，这就是控制网优化问题。

根据图上设计进行野外实地选点，就是把图上设计的点位放到实地上去，或者说通过实地选点实现图上设计的目的。当然，在实地选点时根据实地情况改变原设计亦是常见的事。

为了长期保存点位和便于观测工作的开展，还应在所选的点上造标埋石。观测就是在野外采集确定点位的数据，其中包括大量的必要的观测数据，亦含有一定的多余观测数据。计算是根据观测数据通过一定方法计算出点的最合适位置。控制测量作业流程如图1-6所示。

图 1-6　控制测量作业流程

控制测量的任务是精确确定控制点的空间位置。其作业流程还可简化为以下三步：

1. 选定控制点的位置

按工程建设的精度要求，并结合具体地形情况，在实地确定控制点点位，并将其标志出来。其工作步骤包括收集资料，实地踏勘，图上设计，实地选点，造标、埋石。

2. 观测

用精密的仪器和科学的操作方法将控制网中的观测元素精密测定出来。

3. 计算

用严密的计算方法将控制点的空间位置计算出来。计算步骤包括归算（将地面观测结果归算至椭球面上）；投影（将椭球面上的归算结果投影到高斯平面上）；平差（在高斯平面上按最小二乘法进行严密平差）。

【项目小结】

控制测量是指在一定的范围内，按测量任务所要求的精度，测定一系列地面标志点（控制点）的水平位置和高程，建立控制网，并监测其随时间变化量的工作。本项目主要介绍控制测量的相关基本知识，包括控制测量的基本任务与主要内容，控制网布设的基本形式，国家平面、高程控制网的布设原则和方案，控制测量的作业流程等。通过了解掌握这些基本知识，为后续控制测量相关内容提供知识准备。

【课后习题】

1. 控制测量的任务和作用是什么？
2. 控制测量工作的基本内容是什么？

3. 国家平面和高程控制网的布设原则是什么？
4. 控制测量的形式都包括哪些？
5. 与传统的控制测量方法相比，卫星定位测量技术都有哪些优点？
6. 建立平面控制网和高程控制网的方法有哪些？
7. 控制测量工作的流程是什么？

项目 2　控制测量技术设计

【项目简介】

本项目主要介绍控制测量技术设计的方法,并通过具体控制测量工程技术设计实例,介绍工程控制网技术设计书的编制方法。扫描右侧二维码可查看具体设计实例。

【教学目标】

让学生掌握工程水平控制网技术设计书的编制方法,掌握水平控制网和高程控制网技术设计过程中实地选点、埋石及绘制点之记的方法,制定作业方案,提出技术要求,最终上交资料。

任务 2.1　控制测量技术设计的编写

工程控制网的服务范围非常广泛,各种不同的工程建设对控制网提出了不同的精度要求。因此,在控制测量施测前,必须编写出既合理又经济的技术设计书。在控制测量设计的过程中,应充分利用原有的控制测量成果,做出合理的设计方案,并对设计方案做出精度评估,使得设计方案既能保证精度要求,又有良好的经济指标。

一、技术设计概述

(一)技术设计的意义和主要任务

1. 技术设计的意义

编制技术设计书的主要任务是根据工程建设的要求,结合测区的自然地理条件特征,选择最佳布网方案,保证在所测定的期限内"多、快、好、省"地全面完成生产任务,保证测绘产品符合技术标准和用户要求,并获得最佳的社会效益。在技术设计书中应明确测量目的、任务和要求,测区的自然地理条件,最佳布网方案的论证和控制网的主要技术指标等。

2. 技术设计的主要任务

(1)根据生产任务,结合测区具体情况,拟定最佳控制网布设方案。

(2)确定适宜的精度等级。

(3)拟订建网实施计划。

(二)技术设计的依据和基本原则

1. 技术设计的依据

(1)上级下达任务的文件或合同书。

(2)有关的法规和技术标准。

(3)有关测绘产品的生产定额、成本定额和装备标准等。

2. 技术设计的基本原则

(1)技术设计方案应先考虑整体而后局部,且顾及发展;要满足用户的要求,重视社会效益和经济效益。

(2)要从作业区实际情况出发,考虑作业单位的实力(人员技术素质和装备情况),挖掘潜力,选择最佳方案。

(3)广泛收集、认真分析和充分利用已有的测绘产品及资料。

(4)积极采用适用的新技术、新方法和新工艺。

(三)编写技术设计书

技术设计书应包括以下几方面的内容:

1. 任务概述

在本部分中应说明测区的概况,包括任务的名称、来源、作业区范围、地理位置、行政隶属、项目内容、产品种类及形式、任务量、要求达到的主要精度指标、质量要求、完成期限和产品接收单位。同时还应说明建网的目的、已有的测绘资料和作业单位的技术力量等。

2. 作业区自然地理概况

作业区自然地理概况包括地理特征、居民地、交通、气候情况、民族风俗习惯、物资供应情况和作业区困难类别。

3. 已有资料的利用情况

说明资料中测绘工程完成情况,主要资料情况及评价,利用的可能性和利用方案等设计方案。包括对现有资料进行分析、检查坐标系统及高程系统是否一致、是否需要进行换带计算、点位是否保存完好、等级及精度是否能达到本次工程要求、根据工程要求选择投影带和投影基准面等。

4. 主要作业方法和技术规定

针对实际的测量任务,对全面布网和逐级布网的优缺点进行论述,选择合理的布网方法。一般在确定布网方案时先选择两种方案,方案包括网形的初步设计、优化计算、可行方案的工作量和经费估算等,然后对它们进行分析比较,得出最佳方案。对于选定的方案,列出作业中需要用到的仪器、观测方法及技术指标要求、特殊的技术要求,采用新技术、新方法、新工艺的依据和技术要求,保证质量的主要措施和要求等。

5. 计划安排和经费预算

(1)作业区困难类别的划分。

(2)工作量统计:根据设计方案,分别计算各程序的工作量。

(3)进度计划:根据工作量统计和计划投入生产实力,参照生产定额,分别列出进度计划和各工序的衔接计划。

(4)经费预算:根据设计方案和进度计划,参照有关生产定额和成本定额,编制经费计划,并作必要的说明。

6. 附件
(1)可供利用的已有资料清单。
(2)附图、附表。
(3)其他。

二、技术设计中的几个技术问题

技术设计的任务是根据控制网的布设宗旨结合测区的具体情况拟定网的布设方案，必要时应拟定几种可行方案。经过分析对比确定一种从整体来说为最佳的方案，作为布网的基本依据。

(一)控制网优化设计

先提出多种布网方案，测角网、测边网、导线网、边角组合网以及测哪些边、测哪些角等，根据网形和各点近似坐标，利用计算程序进行精度估算，优选出点位中误差最小，相对点位中误差在重要方向上的分量最小，而观测工作量最小的方案。

(二)技术设计的内容和步骤

1. 搜集和分析资料

(1)测区内各种比例尺的地形图。
(2)已有的控制测量成果(包括全部有关技术文件、图表、手簿等)。特别应注意是否有几个单位施测的成果，如果有，则应了解各套成果间的坐标系、高程系统是否统一以及如何换算等问题。
(3)有关测区的气象、地质等情况，以供建标、埋石、安排作业时间等方面的参考。
(4)现场踏勘了解已有控制标志的保存完好情况。
(5)调查测区的行政区划、交通便利情况和物资供应情况。若在少数民族地区，则应了解民族风俗、习惯。

对搜集到的上述资料进行分析，以确定网的布设形式，起始数据如何获得，网的未来扩展等。其次还应考虑网的坐标系投影带和投影面的选择。此外还应考虑网的图形结构，旧有标志可否利用等问题。

2. 控制网的图上设计

根据对上述资料进行分析的结果，按照有关规范的技术规定，在中等比例尺图上以"下棋"的方法确定控制点的位置和网的基本形式。

图上设计对点位的基本要求是：

1)从技术指标方面考虑

图形结构良好，边长适中，对于三角网求距角不小于30°；便于扩展和加密低级网，点位要选在视野辽阔、展望良好的地方；为减弱旁折光的影响，要求视线超越(或旁离)障碍物一定的距离；点位要长期保存，宜选在土质坚硬，易于排水的高地上。

2)从经济指标方面考虑

充分利用制高点和高建筑物等有利地形、地物，以便在不影响观测精度的前提下，尽量降低觇标高度；充分利用旧点，以便节省造标埋石费用，同时可避免在同一地方不同单位建造数座觇标，出现既浪费国家资财，又容易造成混乱的现象。

3）从安全生产方面考虑

点位离公路、铁路和其他建筑物以及高压电线等应有一定的距离。

(三) 平面控制测量技术设计

平面控制网的布设，可采用卫星定位测量控制网、导线及导线网、三角形网等形式。平面控制网精度等级的划分：卫星定位测量控制网依次为二、三、四等和一、二级，导线及导线网依次为三、四等和一、二、三级，三角形网依次为二、三、四等和一、二级。

1. 控制网布设应符合的条件

卫星定位测量控制网的布设，应符合下列要求：

(1)应根据测区的实际情况、精度要求、卫星状况、接收机的类型和数量以及测区已有的测量资料进行综合设计。

(2)首级网布设时，宜联测2个以上高等级国家控制点或地方坐标系的高等级控制点；对控制网内的长边，宜构成大地四边形或中点多边形。

(3)控制网应由独立观测边构成一个或若干个闭合环或附合路线，各等级控制网中构成闭合环或附合路线的边数不宜多于6条。

(4)各等级控制网中独立基线的观测总数，不宜少于必要观测量的1.5倍。

(5)加密网应根据工程需要，在满足本规范精度要求的前提下可采用比较灵活的布网方式。

(6)对于采用GPS-RTK测图的测区，在控制网的设计中应顾及参考站点的分布及位置。

导线网的布设应符合下列要求：

(1)导线网用作测区的首级控制时，应布设成环形网或多边形网，宜联测2个已知方向。

(2)加密网可采用单一附合导线或多节点导线网形式。

(3)导线宜布设成直伸形状，相邻边长不宜相差过大。

(4)网内不同线路上的点也不宜相距过近。

2. 实地选点

选点是把图上设计的点位落实到实地，并根据具体情况进行修改。图上设计是否正确以及选点工作是否顺利，在很大程度上取决于所用的地形图是否准确。如果差异较大，则应根据实际情况确定点位，对原来的图上设计做出修改。

卫星定位测量控制点位的选定，应符合下列要求：

(1)点位应选在质地坚硬、稳固可靠的地方，同时要有利于加密和扩展，每个控制点至少应有一个通视方向。

(2)视野开阔，高度角在15°以上的范围内，应无障碍物；点位附近不应有强烈干扰接收卫星信号的干扰源或强烈反射卫星信号的物体。

(3)充分利用符合要求的旧有控制点。

导线网控制点点位的选定，应符合下列要求：

(1)点位应选在质地坚硬、稳固可靠、便于保存的地方,视野应相对开阔,便于加密、扩展和寻找。

(2)相邻点之间应通视良好,其视线距障碍物的距离,三、四等不宜小于1.5m;四等以下宜保证便于观测,以不受旁折光的影响为原则。

(3)当采用电磁波测距时,相邻点之间视线应避开烟囱、散热塔、散热池等发热体及强电磁场。

(4)相邻两点之间的视线倾角不宜太大。

(5)充分利用旧有控制点。

选点任务完成后,应提供下列资料:

(1)选点图。

(2)点之记。

(3)控制点一览表,表中应填写点名、等级、至邻点的概略方向和边长、建议建造的觇标类型及高度、对造埋和观测工作的意见等。

3. 平面控制点标石的埋设

测量标石是控制点的永久标志。无论是野外测量,还是内业计算,都以标石的标志中心为准。如果标石被破坏或发生位移,测量成果就会失效,点便报废了。因此,中心标石的埋设一定要十分牢固。

1)平面控制点标志

二、三、四等平面控制标志可采用磁质或金属等材料制作,其规格如图 2-1 和图 2-2 所示。一、二级小三角点,一级及以下导线点、埋石图根点等平面控制点标志可采用 $\phi14\sim\phi20$、长度为 30~40cm 的普通钢筋制作,钢筋顶端应锯"+"字标记,距底端约 5cm 处应弯成钩状。

图 2-1 磁质标志(mm)

图 2-2 金属质标志(mm)

2)平面控制点标石

二、三等平面控制点标石规格及埋设结构图，如图 2-3 所示，柱石与盘石间应放 1~2cm 厚粗砂，两层标石中心的最大偏差不应超过 3mm。四等平面控制点可不埋盘石，柱石高度应适当加大。一、二级平面控制点标石规格及埋设结构图如图 2-4 所示。

图 2-3　二、三等平面控制点标石规格及埋设结构图(cm)

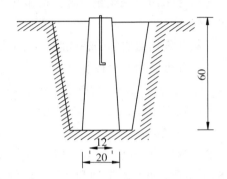

图 2-4　一、二级平面控制点标石规格及埋设结构图(cm)

4. 绘制点之记

控制点标志埋设以后，需要绘制点之记。点之记是以图形和文字的形式对点位的描述。点之记中包括的主要内容有：点名、点号、位置描述、点位略图及说明、断面图等。

(四) 高程控制测量技术设计

高程控制测量精度等级的划分，依次为二、三、四、五等。各等级高程控制宜采用水准测量，四等及以下等级可采用电磁波测距三角高程测量，五等也可采用 GPS 拟合高程测量。

首级高程控制网的等级，应根据工程规模、控制网的用途和精度要求合理选择。首级网应布设成环形网，加密网宜布设成附合路线或节点网。测区的高程系统，宜采用 1985 国家高程基准。在已有高程控制网的地区测量时，可沿用原有的高程系统；当小测区联测有困难时，也可采用假定高程系统。

1. 水准点的布设与埋石

水准点的布设与埋石，应符合下列规定：

(1) 高程控制点间的距离，一般地区应为 1~3km，工业厂区、城镇建筑区宜小于 1km。但一个测区及周围至少应有 3 个高程控制点。

(2) 应将点位选在质地坚硬、密实、稳固的地方或稳定的建筑物上，且便于寻找、保存和引测；当采用数字水准仪作业时，水准路线还应避开电磁场的干扰。

(3) 宜采用水准标石，也可采用墙水准点。标志及标石的埋设规格，应按相应测量规范执行。

(4) 埋设完成后，二、三等点应绘制点之记，其他控制点可视需要而定。必要时还应设置指示桩。

2. 高程控制点标石的埋设

1）高程控制点标志

二、三、四等水准点标志可采用磁质或金属等材料制作，其规格如图2-5和图2-6所示。三、四等水准点及四等以下高程控制点亦可利用平面控制点点位标志。

图2-5　磁质标志图(cm)　　　　　图2-6　金属标志图(cm)

2）高程控制点标石

二、三等水准点标石规格及埋设结构图，如图2-7所示。四等水准点标石的埋设规格结构图，如图2-8所示。

图2-7　二、三等水准点标石埋设图(cm)　　　图2-8　四等水准点标石埋设图(cm)

任务 2.2　控制测量技术设计实例

一、设计实例名称

某镇 1∶500 数字化地形图测绘控制测量技术设计书。

二、任务概述

为满足海城市某镇总体规划方案修编的需要，×××规划设计院测绘大队负责承担该项目 1∶500 数字化地形图的测绘工程。测绘工作始于 2014 年 9 月 14 日，2014 年 9 月 30 日完成。

某镇位于海城市以北约 50km 处，隶属海城市。某镇的经济主要以商贸、工业、农业为主，其镇内的服装市场闻名全国。某镇内的交通便利，长大铁路、沈大公路贯穿境内。测区内地形平缓，大部分是房区，属城建区Ⅳ类地形，测绘难度较大。

测区范围：北起小码村，南到火车站，西起后古村，东至东柳村，测绘面积约为 18km^2。

三、已有测绘资料的分析和利用

(1)测区内有国家Ⅱ级导线控制点，已作为本测区的平面控制起算点。
(2)测区内的Ⅱ级导线为Ⅳ等水准的精度，已作为本测区的高程控制起算点。
(3)辽宁省测绘局测绘的 1∶1 万地形图，已作为制订计划及踏勘、设计、选点用图。

四、作业依据

(1)《全球定位系统(GPS)测量规范》(GB/T 18314—2009)；
(2)《国家三、四等水准测量规范》(GB/T 12898—2009)；
(3)《城市测量规范》(CJJ/T 8—2011)；
(4)《1∶500　1∶1 000　1∶2 000 地形图图式》(GB/T 20257.1—2007)；
(5)《数字测绘成果质量检查与验收》(GB/T 18316—2008)；
(6)本《技术设计书》及相关《技术补充规定》。

五、基本技术要求

1. 投影带、坐标系及高程系

平面坐标系统采用 2000 国家大地坐标系，中央子午线大地经度 123°，高斯 3°带投影。

高程系统采用1985国家高程基准。

2．基本等高距

测区的测图类别属城建区，故地形图基本等高距为0.5m。

六、平面控制测量

(一) D级GPS测量

本区以Ⅱ中柳、Ⅲ解庄、Ⅲ官山等为起算点，沿测区周围及中部布设D级GPS控制网点，以满足一级导线加密控制的需要。

1．GPS点位选埋

1）选点

(1) GPS待定点已于1∶5 000图上圈定，每点均应保证至少与一个邻近点通视，以满足一级导线布设的要求。点位应选在基础稳定、土质坚实的地上，以便长期保存利用。

(2) 周围应便于安置接收机设备和操作，视野开阔，视场内障碍物的高度角应小于15°。

(3) 应远离大功率无线电发射源(如电视台、微波站等)，其距离大于400m；远离高压输电线，其距离不得小于200m。

(4) 附近不应有强干扰卫星信号接收的物体，并尽量避开大面积水域和大型建筑物。

(5) 待定点附近小环境(地形、地貌、植被等)应尽可能与周围大环境保持一致，以减少气象代表性误差。

(6) GPS点位选定后，应绘制GPS网选点图。

2) D级GPS点的编号

冠以"JD"，后面加流水编号，如：JD01、JD02、JD03……D级GPS标石面应刻制"GPS"、年代"2010"、点号"Jdi"及作业单位。

3）埋石

(1) D级GPS点的标石按《全球定位系统(GPS)测量规范》制作，中心标志采用铸铁标志。

(2) 当选在坚固房顶上时，不能埋设在隔热层上。

4) 提交监理检查的成果资料

选点埋石后应绘制点之记，点之记样式应符合《全球定位系统(GPS)测量规范》要求，但其中"地质构造略图"修改为"控制点标志面影像图"。要求点之记采用Word制作，其中的略图可采用CAD制作，但应转换为影像格式插入Word文档中，标志面照片也转换为数字影像插入Word文档中。

2．D级GPS观测

1）仪器设备

天宝五台套接收机。

气象观测设备：气压表、温度计、湿度计。

2）作业准备

(1)作业前,应检校光学对点器是否符合要求,同时每个测站均配备垂球,必要时采用铅垂线对中。

(2)记录手簿。

(3)编写观测计划,观测计划报监理单位备案后开始观测。

3)基本技术规定

(1)测区概略定位解的取值为东经:122°37′,北纬:40°51′。

(2)在每个点上,应在强度因子PDOP小于或等于8的观测条件下进行观测作业,观测时应密切注视PDOP值,观测窗口必须具有同步的4颗以上的可见卫星数,卫星离地平高度角应大于15°。

(3)观测点号的输入和记录,采用点号直接输入,如1号站输入记录为JD01。

(4)观测点的标志面中心至天线垂直距离采用特制专用测高弯尺上的白式指标线直接读数,读取至1mm。每测站观测前后应各量取天线高一次,两次量高之差不应大于3mm,取平均值作为最后天线高。

(5)天线定向标志线应指向正北。

(6)雷雨季节架设天线时要注意防雷击,雷雨过境时应暂时关机停止观测,并卸下天线。

(7)观测时段应≥1.6个。

(8)气象观测应符合《全球定位系统(GPS)测量规范》的要求。

(9)GPS测量作业基本技术规定应符合《全球定位系统(GPS)测量规范》的要求。

3. 内业数据处理

1)基线解算

(1)基线解算前应对全部外业资料进行全面检查。

(2)基线解算采用天宝随机软件TGO1.6进行基线处理。

2)数据检核

(1)计算同一时段观测值的数据剔除率,其值应小于10%。

(2)计算同步边各时段平差值的中误差与相对中误差,相对中误差计算公式:

$$\sigma = \sqrt{a^2 + (b \cdot d)^2}$$

式中:σ——标准差(mm);

a——固定误差,≤10mm;

b——比例误差系数,≤10ppm;

d——相邻点间距离(km)。

(3)同一条边任意两个时段的成果互差,应小于D级规定的精度$2\sqrt{2}$倍。

(4)三边同步环,第三边处理结果与前两边代数和,其差值应小于下列数值:

$$W_x \leq \sqrt{3}\sigma/5$$
$$W_y \leq \sqrt{3}\sigma/5$$
$$W_z \leq \sqrt{3}\sigma/5$$
$$W = \sqrt{w_x^2 + w_y^2 + w_z^2} \leq 3\sigma/5$$

式中:σ——D级规定的精度(按平均边长计算)。

(5)若干个独立观测边组成闭合环时,各坐标分量闭合差应符合下式规定:

$$W_x \leq 3\sigma\sqrt{n}$$
$$W_y \leq 3\sigma\sqrt{n}$$
$$W_z \leq 3\sigma\sqrt{n}$$

式中:n——闭合环中的边数;

σ——D级规定的精度(按平均边长计算)。

(6)当检核发现需补测或重测边,应尽量安排一起进行同步观测。

3)GPS网平差

采用天宝随机软件TGO1.6进行平差。以三维基线向量及其相应方差-协方差阵作为观测信息,以一个点的WGS-84系三维坐标作为起算数据,进行无约束平差。利用无约束平差后的可靠观测量,在测区独立坐标系、海城市独立坐标系和1980年西安坐标系下进行三维约束平差。

(二)一级导线测量

1. 布网

在各等级GPS网(点)的基础上,布设城市一级光电测距导线,沿道路及测区边缘,以多节点网或附合路线的形式布设,不允许布设闭合导线。节点导线网导线节长度一般不宜大于附合路线规定长度的0.7倍;导线平均边长应控制在400m之内,长短边比不应超过1:3。主要技术指标按表2-1的规定执行。

表2-1　　　　　　　　　　　一级导线测量主要技术指标

等级	附合导线长度(km)	平均边长(m)	测距测回	水平角测回		测角中误差(″)	测距中误差(mm)	方位角闭合差(″)	全长相对闭合差
				J2	J6				
Ⅰ级	4.0	400	2	2	4	±5	+15	10	1/14000

2. 选点、埋石

(1)城市一级导线点位应选定于便于利用和能长久保存的位置。相邻点之间通视应良好,便于观测及长期保存使用。

(2)城市一级导线点应埋设标石,位于高层建筑物顶上的控制点,不得埋设于隔热层上。中心标志(包括水泥、沥青路面)采用特制铸铁标志,测区内已有的埋石标志应尽量利用,避免重复埋石,以防后续使用错误,城乡接合部标石制作及埋设应按《城市测量规范》(CJJ/T 8—2011)要求执行。

(3)城市一级导线点点号以JMI再加流水编号,如JMI01,JMI02,…,JMIn。编号在导线节中应尽量做到顺序连号,不得有重号。埋石后,测区检查人员必须对埋石情况予以检查,方可进行观测。

3. 水平角观测

(1)水平角观测采用DJ2型全站仪按方向法观测。观测前,所使用之仪器应按《城市测量规范》(CJJ/T 8—2011)要求进行检验。记录可使用各种电子手簿或人工进行记录。可不作度盘和测微器的位置分配。

(2)一个测站观测方向数少于或等于三个方向时，可不归零。

(3)在高级点设站时，应尽可能联测两个高级方向进行检查，观测值与原平差角之差应小于等于 $\pm 2\sqrt{m_1^2 + m_2^2}$（式中 m_1、m_2 为相应于新、旧成果等级规定的测角中误差）。

4. 导线边长测量

导线边长测量与测角同步进行，采用电子记录。

(1)一级导线边长以经鉴定后的电子全站仪单程测定二测回（每测回2个读数记录，但在记录之前应先预测几次，边长稳定后再作记录），测距一测回内读数较差应<±5mm，测回间较差应<7mm。测距时温度气压只在测站读取，温度读至0.5℃，气压读至1hPa。仪器加乘常数、气象常数可直接置入全站仪自动改正。

(2)导线边长改平，垂直角采用与测角测边同型号全站仪按中丝法与测边同向观测二测回，技术要求按表2-1执行。

(3)测距仪器高、反光镜高直接量至0.001m。所测边长经仪器常数、气象改正后应投影到城市高程面0m后，再归算到高斯平面，测区平均纬度为24°35′46″，测区平均曲率半径 $R = 6364245$m。

七、高程控制测量

测区首级高程控制网为四等水准，水准网沿导线敷设，每隔1.5千米左右在标石下面加埋盘石作为水准点，水准点高程采用电磁波测距三角高程，施测方法为中丝测高法，对向观测，竖角观测四测回，测距一测回。

高程系统采用1985国家高程基准，高程网平差采用清华山维公司的网平差软件NASEW 97进行严密平差。

(一)四等水准测量

1. 布网要求

本测区四等水准网，在原有三等以上水准网点基础上，沿平坦地区的 D 级 GPS 点及一级导线点采用附合路线或节点网形式进行布设，原有四等水准点不能作为四等水准的起算。

1)仪器的检验

水准观测前水准仪和水准标尺应进行下列项目的检验并记录。

(1)检视水准仪及脚架的完好性；

(2)圆水准器(概略整平用的水准器)安置正确性的检验。

(3)视准轴与水平轴相互关系(交叉误差与 i 角)的检验。

(4)检验水准标尺是否牢固无损；

(5)水准标尺水准器的检查及改正；

(6)水准标尺分划面弯曲差(矢距)的测定；

(7)水准标尺分划线每米分划间隔真长的测定;

(8)一对标尺基辅分划及零点差测定。

2. 四等水准观测

(1)本测区起始水准点引用前必须先进行已知点检测(附合路线可与路线观测一并进行);作业开始后的一周内每天应对水准仪进行一次 i 角检测,i 角不得大于 $20''$,i 角稳定后可每隔 15 天测定一次。

(2)四等水准观测,以中丝测高法进行单程观测(附合路线)。直接读取视距,观测顺序为后—后—前—前。四等水准支线应进行往返观测。每测段的测站数必须是偶数。联测 D 级 GPS 点及一级导线点应为偶数站,但不作测段处理。

(3)四等水准观测原始数据,可采用各种电子手簿进行记录,应输出各站观测数据及测段汇总,原始记录输入微机后应进行存盘备查,输出前所有数据不得更改或编辑,违者成果销毁重测,并追究责任。

(4)平差计算前,水准高差应进行尺长改正及正常水准面不平行改正(此项改正若不影响至 0.001m,可免于计算,应先按最大纬差进行估算)。

(二)光电测距三角高程测量

(1)测区未经水准联测的一级导线点的高程,应以四等水准高程为起算,组成三角高程路线,其间隔边数不应多于 10 条。平差后三角高程路线的最弱点高程中误差不得大于 ±0.01m(相对于起算水准点高程)。

(2)三角高程路线各边垂直角均应对向观测。仪器高、觇标高应用钢尺丈量至 0.001m。

八、上交资料

(1)仪器检验资料;

(2)D 级 GPS 观测记录及平差计算手簿;

(3)四等水准观测记录及平差计算手簿;

(4)城市一级导线观测记录及平差计算手簿;

(5)控制网展点图;

(6)各等级控制点成果表;

(7)测区技术设计书。

【项目小结】

控制网技术设计是在接到相应测量工作之后的一个重要环节,它影响到控制网的精度和工程的进度以及工程的费用问题。本项目主要介绍了控制测量技术设计的意义、主要任务、依据和基本原则,重点介绍了控制测量技术设计书的编写以及水平控制网和高程控制网技术设计过程中实地选点、埋石和绘制点之记的方法。

【课后习题】

1. 技术设计的意义、内容和方法是什么？
2. 技术设计应该遵循哪些原则？
3. ××学院××班级受××土地局委托，测绘××地区 1∶500 数字地形图，使用仪器为 GPS RTK、全站仪。坐标系统采用"2000 国家大地坐标系""1985 国家高程基准"，2020 年 5 月 1 日进入测区，计划 2020 年 5 月 30 日结束外业测量，2020 年 6 月 10 日提交成果。

结合学校及其所在地区实际情况，参考技术设计实例及网络资源，书写本次测量任务技术设计书的任务概述和作业区自然地理情况。

项目 3　精密角度测量

【项目简介】

本项目主要介绍精密光学经纬仪结构特点及读数方法，方向观测法的施测与计算，全站仪角度测量，精密光学经纬仪的检验方法，精密测角的误差来源及影响等知识点。

【教学目标】

通过本项目的学习，使学生了解精密光学经纬仪的结构、性能及基本测量方法，掌握精密角度测量的原理与方法，全站仪角度测量的方法，了解精密角度测量的误差来源、影响规律及减弱(或消除)方法。

任务 3.1　精密光学经纬仪的结构与操作

经纬仪是用于角度测量的仪器，按精度等级的高低，有 J07、J1、J2、J6、J15 和 J30 等系列。"J"为经纬仪汉语拼音的第一个字母；脚标数字为该级仪器所能达到的测角精度指标，即检定时水平方向观测一测回的中误差。例如 J2 型光学经纬仪，表示该级仪器检定时水平方向观测一测回的中误差小于±2″。

常用的适用于各等级三角测量、导线测量的精密光学经纬仪，J1 系列有瑞士威特厂的 T3 和克恩厂的 DKM3 等；J2 系列有苏州第一光学仪器厂的 J2，北京光学仪器厂的 TDJ2 和瑞士威特厂的 T2 等。

一、经纬仪的基本结构

经纬仪的基本结构，如图 3-1 所示，主要由照准部、垂直轴系统和基座部分组成。

照准部包括望远镜、读数系统、水准器和垂直度盘等。观测时，照准部可绕垂直轴沿水平方向自由转动。望远镜视准轴应与水平轴正交，水平轴作为望远镜俯仰的旋转轴，应通过垂直度盘的中心。观测目标时，读数系统随照准部一起转动，借由水平度盘精确读取照准方向的方向值。照准部水准器用于整平仪器，其水准轴应与水平轴平行，与垂直轴正交，使仪器在观测时水平度盘处于水平位置，垂直轴处于铅垂位置。水平度盘固连在基座上，基座在观测时是固定不动的。垂直轴系统作为联系照准部和基座的重要部件，对照准部运转的灵活性和稳定性起着重要作用。

二、精密经纬仪的结构特点

进行高精度的角度测量，对仪器的要求较高，因此精密光学经纬仪的各部分在构造上

图 3-1 经纬仪的基本结构

有其特定的要求。

(一) 望远镜

现代精密测角仪器一般都采用内调焦望远镜,如图 3-2 所示。望远镜主要由物镜、调焦透镜、目镜和十字丝分划板组成。观测时,可通过移动调焦透镜来改变物镜与调焦透镜的距离,使目标成像恰好在十字丝分划板上,这个过程称为物镜调焦。这时,如图 3-3 所示,目标 AB 经物镜成倒像 $A'B'$ 在十字丝分划板上,再经目镜放大成为倒像 $A''B''$。这样,通过成像,放大视角,望远镜便可以清晰观测到距离不同的目标。

图 3-2 望远镜结构示意图

如果观测时物镜调焦不完善,照准目标就不能正确成像在十字丝分划板上,从而产生视差。明显的视差会给照准目标带来 4″~5″ 的误差,有时甚至更大。可见,在精密测角中必须重视调焦透镜的调节。调焦时,调焦透镜应在望远镜筒中沿光轴准确运行,但由于仪

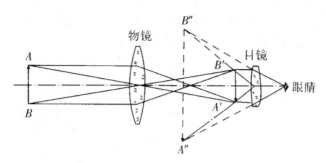

图 3-3 望远镜成像原理

器装配不完善或使用磨损等原因,调焦透镜在运行中可能会产生晃动,从而引起物镜光心与十字丝中心连线(即视准轴)的不规则变动,这将对角度测量带来不利影响。因此,国家规范规定,精密测角时一测回内不得二次调焦。

为了精确照准目标,望远镜中十字丝分划板上十字丝的设计充分考虑了照准目标的形式和种类,并且注意使观测时十字丝不遮住目标本身上下左右的视野,一般如图 3-4 所示。当采用单丝照准目标时,应以单丝平分目标,或使单丝与目标连成一线;若以双丝照准目标,应将目标正确成像于双丝中间。

图 3-4 望远镜的十字丝

(二) 水准器

照准部水准器是用以精确整平仪器的,一般采用管状水准器。如图 3-5 所示,水准管用内壁打磨光滑的玻璃管制成,管中注入冰点低、流动性强、附着力小的液体,并留有空隙形成气泡,借由液体静止时气泡永远居于管内最高位置的特性,使仪器处于整平位置。

水准器的精度决定了仪器整平的精度,而水准器的精度主要由水准器的格值决定。所谓水准器格值,就是当水准气泡移动 1 格(内壁圆弧 2mm,如图 3-6 所示)时,水准管轴所变动的角度,即水准管上 1 格的弧长所对应的圆心角。精密经纬仪的水准器格值一般较小,因此仪器具有较高的整平精度。

当水准器倾斜时,水准管内的气泡便会随之移动。相同格值的水准器,即使倾斜的角度完全相同,各自的气泡也会因内壁光滑程度、不同液体的黏滞程度等原因而使移动量也有所不同。这是因为不同的水准器,它们的灵敏度不同。灵敏度是人的肉眼发觉气泡有最小移动量时水准管轴所倾斜的角度。显然,倾斜的角度越小,水准器的灵敏度越高。水准器的灵敏度主要由管内气泡移动时所受阻力决定。因此水准管内壁加工质量、管内液体特性都会影响水准器的灵敏度。一般采用较长的水准器气泡，这样在相同的倾角下获得的推力较大，易于克服对气泡的阻力，提高水准器的灵敏度。

图 3-5 水准管　　　　　　　图 3-6 圆水准器

此外，由于水准器对温度很敏感，气泡会向温度高的方向移动，在进行精密测角时，应尽量避免热源对仪器的影响，例如晴天观测，应打测伞。

(三) 水平度盘和测微器

经纬仪的水平度盘和测微器是用以量度水平角的重要部件，它们二者之间以一定的关系结合起来，就能读出照准目标后的方向值。

1. 水平度盘

光学经纬仪的水平度盘都是用玻璃制成的，安置在仪器基座的垂直轴套上，当仪器照准部转动时，要求水平度盘不得转动和移动。

在水平度盘圆周边上精细地刻有等间隔分划线，全周刻 360 度，每度一标记，按顺时针方向增值，每度间隔内再等间隔刻有若干个小分划，相邻小分划的间隔值就是该水平度盘的最小分格值。如威特 T2 经纬仪，在每度间隔内刻有 3 个分格，显然，每个分格值为 20′。由于水平度盘的周长有限，所以度盘的分格很小，只有借助显微镜才能看清分划线。即使这样，也只能估读到 1/10 格，这远不能满足精确测角的要求。因此，需要安置测微装置，以精确量取不足 1 格之值。

度盘在进行刻划的时候，由于刻线机制造或装置的不完善、刻制过程中刻线机机械传动误差和温度变化等因素的影响，会带来系统性和偶然性的度盘分划误差。其中，一种系统误差以度盘圆周 360° 为周期，在度盘圆周上有规律地变化，称为长周期系统误差；同时还有一种以 60′ 为周期，以较短弧长在度盘圆周上重复出现的误差，称为短周期系统误差。度盘分划误差还含有偶然误差的影响，所以度盘分划误差是系统误差和偶然误差综合影响的结果。

2. 光学测微器及测微原理

光学测微器按内部结构来分有双平行玻璃板测微器和双光楔测微器，其功能都是用来精确量取度盘不足 1 格之值。下面仅以双平行玻璃板测微器为例说明测微器的测微原理。

双平行玻璃板测微器主要由两块平行玻璃板、测微盘及其他部件构成,见图 3-7。由几何光学知:当光线通过两个折射面互相平行的玻璃板时,方向不会产生变化,仅产生平行位移,其位移量与入射角有关。如图 3-8 所示,当光线垂直于平行玻璃板的折射面(即入射角为零)入射时,并不产生折射和平移。当光线有入射角 i(即不垂直于折射面)时,出射光线方向虽然不变,但其位置却平移了 Δh。入射角 i 改变时,平移量 Δh 也随之改变。对于一定厚度的平行玻璃板,当入射角 i 很小时,光线的平移量 Δh 与其入射角成正比,这就是平行玻璃板的特性,见式(3-1):

$$\Delta h = d \frac{n-1}{n} \tan i \tag{3-1}$$

式中:n——玻璃的折射率;
　　　D——玻璃板的厚度;
　　　i——光线的入射角。

图 3-7　双平行玻璃板测微器　　　　图 3-8　平行玻璃板倾斜使光线平移

对于双平行玻璃板测微器,当将两块平行玻璃板相对转动时(即一顺时针转动,另一逆时针转动),度盘对径两端分划也就做相对移动。如果将刻有分划的测微盘与转动平行玻璃板的机构连在一起,而且,当转动平行玻璃板使度盘分划线像相对移动 1 格时(即各移动半格),测微盘正好从零分划转动到最末一个分划,根据这种关系,测微器就起到量度度盘上不足 1 格的值的作用。

由于水平度盘和测微器存在着刻划误差,将给水平方向观测带来误差。解决的办法是进行多测回观测,且各测回对于零方向要配置不同的水平度盘位置和测微器位置。

(四)垂直度盘

垂直度盘的读数指标与指标水准器相连,当指标水准器气泡居中时,垂直度盘读数指标呈铅垂状态。正常情况下，当望远镜处于水平位置，指标水准器气泡居中时，无论任何注记形式的垂直度盘，无论盘左、盘右，读数指标所指的读数都是一个定值，应为90°的整倍数。由于垂直度盘与望远镜固连在一起，望远镜俯仰时可带动垂直度盘转动，而读数指标不随之变动，因此可读取不同的读数。根据望远镜照准目标与视线水平时的垂直度盘读数就可以得到照准目标的垂直角。

为了获得视线水平时的垂直度盘读数，除了借助指标水准器气泡居中确定读数指标在垂直度盘上的正确位置外，现代精密光学经纬仪常采用垂直度盘指标自动归零补偿器替代指标水准器，使垂直轴在有剩余倾斜的情况下，垂直度盘的读数得到自动补偿。这样既保证了垂直角的观测精度，又提高了作业效率，较指标水准器更为方便快捷。

(五) 垂直轴系统

垂直轴轴系是保证仪器照准部运转稳定的重要部件。照准部旋转轴可在轴套内自由运转。仪器设计时，要求照准部旋转轴的轴线与水平度盘的刻划中心相一致，并且在照准部旋转过程中保持这种重合关系。因为照准部旋转轴的轴线一旦相对水平度盘产生偏移，必然会引起水平读数的误差，通常称照准部置中的偏差为照准部偏心差。

仪器在长期使用过程中将产生磨损与变形，当垂直轴与轴套之间空隙增大、润滑油黏度过大或分布不均、支承照准部荷载的滚珠形状和大小有较大差异时，不能起到良好的置中作用，从而使照准部不能灵活运转，产生倾斜和晃动，我们称这种现象为照准部旋转不正确。照准部旋转不正确会影响仪器整平，当照准部旋转到不同位置时，水准气泡会产生不同程度的偏移量。因此，可利用照准部旋转时水准气泡的偏移情况来检验照准部旋转是否正确。

(六) 照准部的制微动机构

为了保证角度测量的精度，精密测角仪器要求望远镜有较高的照准精度，相应地要求照准部的制微动机构能迅速而准确地使仪器的照准部和望远镜安置在所要求的位置。由于支撑照准部支杆的反作用，弹簧长期处于受压状态，弹力减弱，当旋出水平微动螺旋后，微动螺杆顶端出现微小的空隙，不能及时推动照准部转动，从而给读数带来影响。为了消除或削弱由于弹簧失效而引起的微动螺旋作用不正确，使用微动螺旋精密照准目标时，最后的转动方向必须是旋进方向。

现代精密光学经纬仪的制动螺旋和微动螺旋已不采用分离设置，为了操作方便，将制动螺旋和微动螺旋设置在同一轴上，发展为同轴型双速制微动机构。

(七) 基座

仪器在使用过程中，脚螺旋的螺杆与螺母之间容易存在微小的空隙，或者由于弹性压板的连接螺丝松动致使脚螺旋下部尖端未密切安置在基座底板的槽内，当照准部旋转时，垂直轴与轴套间的摩擦力可能使脚螺旋在螺母内移动，从而带动基座位移。而水平度盘与基座是安置在一起的，基座的位移必然会给水平角观测带来系统性的误差影响。精密测角中，要求一测回内水平度盘应严格保持固定不动，因此，国家规范规定每期观测作业前，应进行由于照准部旋转而使仪器基座产生位移的检验。

三、精密光学经纬仪的主要技术指标

精密光学经纬仪在结构上的精确性和可靠性是保证精密测角的重要条件，一般精密光学经纬仪的主要构件均采用特殊的合金钢制成，并且都具备高质量的望远镜光学系统、高精度的测微器装置和高灵敏度的水准器，有的精密光学经纬仪为了操作简便，还具备高性能的补偿器装置。表3-1列出了几种常见J2光学经纬仪的主要技术指标。

表 3-1　　　　　　　几种常见 **J2** 光学经纬仪的主要技术指标

	技术指标	威特T2	蔡司010	苏一光J2	TDJ2
望远镜	放大倍率	28×	31×	30×	28×
	物镜有效孔径(mm)	40	53	40	40
	望远镜长度(mm)	150	135	172	172
	最短视距(m)	1.5	2	2	2
	视距乘常数	100	100	100	100
	视距加常数	0	0	0	0
度盘和测微器	水平度盘直径(mm)	90	84	90	90
	垂直度盘直径(mm)	70	60	70	70
	水平度盘最小分格值	20′	20′	20′	20′
	垂直度盘最小分格值	20′	20′	20′	20′
	测微器最小分格值	1″	1″	1″	1″
水准器	照准部水准器	20″/2mm	20″/2mm	20″/2mm	20″/2mm
	圆水准器			8′/2mm	8′/2mm
	指标水准器	30″/2mm	20″/2mm		
自动归零补偿器	补偿精度			±0.3″	±0.3″
	补偿范围			±3′	±2′
仪器重量	仪器(kg)	5.6	5.3	5.5	6
	仪器箱(kg)	2	5	3	

四、精密光学经纬仪的光路系统与度盘读数系统

（一）精密光学经纬仪的成像光路系统

J2光学经纬仪的读数设备包括：采光系统、度盘、光学测微器和读数显微镜。对于不同型号仪器，其读数设备虽有差异，但结构基本相同。下面以全国统一设计的TDJ2型经纬仪为例，说明经纬仪读数设备的结构。

图3-9所示为TDJ2型光学经纬仪的光学系统图。以水平度盘为例说明其成像光路系

统的工作原理。光线由反光镜 1 进入仪器照亮水平度盘 5,经度盘上方 1∶1 的转向棱镜组 6、8,使度盘对径两边分划线的影像汇合在视场中。再经过水平度盘物镜 10 使度盘对径分划线成像于光学测微器的读数窗中。光学测微器为双平行板玻璃 11,并与测微器分划秒盘(测微尺)15 连在一起,由测微尺在读数窗内的读数可以确定度盘对径分划影像的移动量。当光线照亮读数窗后,就可以通过读数显微镜 18、19,同时看到度盘对径分划像和测微尺分划像。

1—反光镜;2—光窗透镜;3—水平度盘照明棱镜;4—水平度盘保护玻璃;5—水平度盘;
6—水平度盘上像转向棱镜;7—上像转像物镜;8—上像转向棱镜;9—水平度盘照明棱镜;
10—水平度盘物镜;11—双平行板玻璃;12—折射符合棱镜;13—读数窗棱镜;14—秒盘照准棱镜;
15—秒盘;16—场镜;17—横轴棱镜;18—度盘转像物镜;19—读数目镜;20—反光镜;
21—光窗透镜;22—竖盘照明聚光镜;23—竖盘照明棱镜;24—竖盘保护玻璃;25—竖盘;
26—屋脊棱镜;27—平板玻璃;28—竖盘下像物镜;29—平板玻璃;30—竖盘下像转向棱镜;
31—竖盘照明棱镜;32—竖盘第一物镜;33—竖盘转向棱镜;34—竖盘第二物镜;
35—竖盘第二转向棱镜;36—换像棱镜

图 3-9　TDJ2 型光学经纬仪的光学系统图

TDJ2 型经纬仪的度盘是全圆顺时针刻划的。由 0°~360°每度刻划注记一数字,每度之间又分了 3 个格,所以其格值为 20′。测微尺共刻有 600 个小格,总值等于度盘格值一半(10′)。当测微轮转动 1 周时,度盘上下两排分划线正好相对移动 1 格,实际上分别移动了半格,因此,测微尺上 1 小格的格值为 1″,也就是说,测微器上读数可以直接读到 1″,估读到 0.1″。

从图 3-13 所示的 TDJ2 经纬仪读数窗里的成像可以看出,度盘对径分划线的影像成像在一个平面上,水平线的上、下方分别为度盘对径成像的影像。通过读数窗,可以直接从度盘上读取"度"位和"十分"位。下面的小窗为测微尺读数窗,其中的长细丝为测微尺读数的指标线,通过指标线可以直接读取测微尺注记数字的"分"位和"秒"位,每一小格表示 1 秒。

(二)度盘读数系统

为了提高角度的量测精度,精密光学经纬仪度盘一般都采用对径分划同时成像,利用对径重合法读数。当照准目标后,转动测微螺旋,使度盘对径分划线做相对移动直至精密接合,并用测微器量取对径分划的相对移动量,其角度读数就是度盘读数与测微器读数之和。

J2 光学经纬仪的读数窗一般包括度盘读数窗和光学测微器读数窗,为了读数方便,有的仪器读数窗中有指示对径分划线精密接合的符合窗,符合窗中是无注记的度盘对径分划影像。由于采用对径分划读数,度盘最小分划 20′ 实际相当于 10′,因此测微器的实际测量范围为 10′,测微器又分为 600 个小格,则每小格为 1″,这种读数方法叫做对径重合读数法。

重合读数法的基本方法步骤是:(以图 3-10 所显示的读数窗为例)

(1)先从读数窗中了解度盘和测微盘的刻度与注记,确定度盘的最小格值;

度盘对径最小分格值 $G = \dfrac{1°}{2 \times 度盘上 1° 的总格数}$ ($G = 10′$)

测微盘的格值 $T = \dfrac{度盘对径最小分格值 G}{测微盘总格数}$ ($T = 1″$)

(2)转动测微轮,使度盘正、倒像对径分划精确重合,读取靠近视场中央左侧的正像度数 $N(N = 28°)$;

(3)读取正像度数 N 到其右侧对径相差 180° 倒像分划线(即 $N \pm 180°$)之间的分格数 n,或者直接读取度盘上的分值($n = 4$);

(4)读取测微盘上的计数 c,c 等于测微盘零分划线到测微盘指标线的总格数乘以测微盘格值 $T(c = 0′01″)$。

综上所述,可得以下读数公式:

$$M = N + n \cdot G + c \, (M = 28°40′01″)$$

扫描右侧两个二维码可分别查看微课"J2 精密光学经纬仪认识与读数"和常见精密光学经纬仪读数示例。

不同厂家出产的 J2 型仪器读数窗形式有所不同,图 3-10、图 3-11、图 3-12、图 3-13、图 3-14 分别为威特 T2、蔡司 010、苏一光 J2、北光 TDJ2、威特 T3 经纬仪的度盘读数。对于图 3-11 所显示的读数形式,其读数方法同上。对于图 3-12、图 3-13 所显示的读数窗形式,其读数方法为"直读式"。但一点需要注意，北光仪器和苏光仪器的"十分"位刻划有所不同，苏光仪器的整度数刻划与"十分"位的00′相对应，而北光仪器的整度数刻划与"十分"位的30′相对应。读数时忽略了这一点，容易将度数读错。

度盘读数：28°40′
测微器读数：00′01.0″
完整读数：28°40′01.0″

图 3-10　威特 T2 经纬仪度盘读数

度盘读数：218°40′
测微器读数：09′58.0″
完整读数：218°49′58.0″

图 3-11　蔡司 010 经纬仪度盘读数

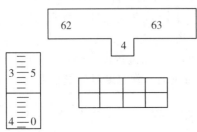

度盘读数：62°40′
测微器读数：03′54.0″
完整读数：62°43′54.0″

图 3-12　苏一光 J2 经纬仪度盘读数

度盘读数：152°10′
测微器读数：03′25.0″
完整读数：152°13′25.0″

图 3-13　北光 TDJ2 经纬仪度盘读数

度盘读数：55°28′
测微器第一次读数：37.7
测微器第二次读数：38.0
完整读数：55°28′75.7″

度盘读数：178°48′
测微器第一次读数：13.3
测微器第二次读数：13.0
完整读数：178°48′26.3″

图 3-14　威特 T3 经纬仪水平度盘读数

五、北光 TDJ2 经纬仪简介

常用的 J2 型精密光学经纬仪有威特 T2、蔡司 010、苏一光 J2、北光 TDJ2 等，图 3-15 介绍了北光 TDJ2 经纬仪的基本结构。

1—竖盘反光镜；4—光学对中器目镜；5—水平度盘反光镜；6—垂直制动螺旋；7—光学瞄准器；
8—测微手轮；9—垂直微动螺旋；10—换像手轮；11—水平微动螺旋；12—水平度盘变换手轮；
13—中心锁紧螺旋；14—水平制动螺旋；15—照准部水准管；16—读数显微镜；17—脚螺旋

图 3-15 北光 TDJ2 经纬仪

总的来说，精密光学经纬仪在结构上都具有如下特点：度盘及其读数系统都由光学玻璃组成，水平度盘和垂直度盘共用同一个附着在望远镜旁的读数显微镜和光学测微器，并实现对径读数。望远镜均为消色差的或经过消色差校正过的、尺寸较短的内调焦望远镜。一般给出目标的倒像，但现代望远镜大多数给出目标的正像；一般制动及微动螺旋分离设置，现代望远镜则向共轴发展；都具有精密的测微读数系统。设有强制归心机构、精密光学对中器和对中杆以及快速安平机构等，有的经纬仪设有垂直度盘指标自动归零补偿器，从而提高了仪器精度和测量效率。经纬仪均由优质可靠的有机材料或合金制造。

任务 3.2 精密角度测量外业实施

用常规仪器进行平面控制测量，其主要工作就是测角和测距。对于测角而言，可以采用光学经纬仪、电子经纬仪或全站仪。平面控制测量的角度测量，通常都采用方向观测法。

一、方向观测法

方向观测法是对测站上的所有方向，如图 3-16 所示，假设测站上有 1，2，3，…，n

个方向要观测,首先选择一边长适中、通视良好、成像清晰稳定的方向作为观测的起始方向,如选定方向1作为零方向。上半测回采用盘左观测,先照准零方向1,然后以顺时针方向转动照准部依次照准方向2,3,…,n,为了检查观测过程中水平度盘是否有位移,最后要闭合到起始方向1,这步工作称为归零。下半测回采用盘右观测,仍然先照准零方向1,然后以逆时针方向转动照准部,依次照准方向n,…,3,2,1。由于上、下半测回观测均构成一个闭合圆,所以这种观测方法又称为全圆方向观测法。

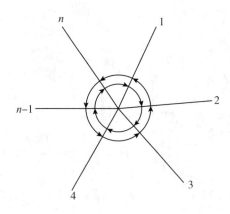

图 3-16 方向观测法

为了避免因调焦引起视准轴位置变动,精密测角一般规定一测回中不得重新调焦。但各方向的边长悬殊时,严格执行一测回中不得重新调焦的规定,会产生较大的视差从而影响照准精度。若仪器的调焦透镜经检验运行正确,则一测回中允许重新调焦,若调焦透镜运行不正确,则可考虑改变观测程序。照准一目标后,调焦,接连进行正倒镜观测,再照准下一个目标,重新调焦,进行正倒镜观测,依次完成所有方向的观测工作。同时,为了减弱与时间成比例均匀变化的误差影响,相邻测回应按相反的次序照准目标。如奇数测回按顺时针方向依次照准1,2,3,…,n,1,偶数测回应按逆时针方向依次照准1,n,…,3,2,1,如此完成各测回的观测。当方向数不多于3个时,可不归零。

二、观测方法

(一)配置度盘初始位置

为了减弱度盘分划误差和测微器分划误差等偶然误差对水平方向观测值的影响,提高测角精度,观测时应有足够的测回数。方向观测法的观测测回数,是根据控制网的等级和所用仪器的类型确定的。方向观测时,光学经纬仪、编码式测角法和增量式测角法全站仪(或电子经纬仪),每测回零方向水平度盘和测微器的初始位置应按式(3-2)配置。对于采用动态式测角系统的全站仪或电子经纬仪不需进行度盘配置。度盘和测微器位置变换计算公式:

$$J07、J1 型仪器 \quad \frac{180°}{m}(j-1) + 4'(j-1) + \frac{120''}{m}\left(j-\frac{1}{2}\right) \tag{3-2}$$

J2 型仪器 $\qquad \dfrac{180°}{m}(j-1) + 10'(j-1) + \dfrac{600''}{m}\left(j-\dfrac{1}{2}\right)$ (3-3)

式中：σ——度盘和测微器位置变换值；

　　　m——基本测回数；

　　　j——测回序号；

　　　i——度盘最小间隔分划值（J1 为 4′；J2 为 10′）；

　　　w——测微器分隔数（值）（J1 为 60 格；J2 为 600″）。

由于全站仪（电子经纬仪）没有单独的测微器，且不同厂家和不同型号的全站仪（电子经纬仪）度盘的分划格值、细分技术和细分数不同，故不做测微器配置的严格规定，对于普通工程测量项目，只要求按度数均匀配置度盘。有特殊要求的高精度项目，可根据仪器商所提供的仪器的技术参数按式(3-2)进行配置，并事先编制度盘配置表。

根据上式编制的 J2 型经纬仪方向观测度盘位置编制表见表 3-2。

表 3-2　　　　　　　　　　**J2 型经纬仪方向观测度盘位置编制表**

测回数(等级) 测回序号	12(三等) (° ′ ″)	9(四等) (° ′ ″)	6(四等) (° ′ ″)	2(一级) (° ′ ″)
1	0　00　25	0　00　33	0　00　50	0　02　30
2	15　11　15	20　11　40	30　12　30	90　07　30
3	30　22　05	40　22　47	60　24　10	
4	45　32　55	60　33　53	90　35　50	
5	60　43　45	80　45　00	120　47　30	
6	75　54　35	100　56　07	150　59　10	
7	90　05　25	120　07　13		
8	105　16　15	140　18　20		
9	120　27　05	160　29　27		
10	135　37　55			
11	150　48　45			
12	165　59　35			

注：《城市测量规范》(CJJ/T 8—2011)规定，利用 J2 精密光学经纬仪进行四等三角测量水平角观测，当平均边长大于 2km 时，方向观测测回数为 9；当平均边长小于等于 2km 时，方向观测测回数为 6。

(二)一测回的观测程序

(1)安置仪器后，进行盘左观测。将仪器照准零方向，按观测度盘表配置水平度盘和测微器。

(2)顺时针旋转照准部 1~2 周后精确照准零方向，进行水平度盘和测微器读数（重合对径分划线两次）。

(3)顺时针旋转照准部，依次精确照准 2，3，…，n 方向，最后闭合至零方向，按上述方法依次读数，完成上半测回。

（4）纵转望远镜，进行盘右观测。逆时针旋转照准部1~2周后精确照准零方向，读数。

（5）逆时针旋转照准部，按与上半测回相反的观测顺序依次观测 n，…，3，2直至零方向，完成下半测回。

以上操作为一测回。

（三）观测、记录及计算

进行方向观测时，为了削弱读数误差的影响，对每一照准目标均对对径重合度盘分划线读数两次，当两次读数之差符合限差规定时，则取测微器两次读数的平均值。

半测回观测结束时，应检查归零差是否超过限差，归零差即零方向的起始照准和闭合照准的读数之差。

一测回观测结束后，计算各方向盘左、盘右的读数差，即2C值，并检核一测回中各方向的2C互差是否超限。若满足限差要求，则取各方向盘左、盘右读数的平均值作为该测回的方向观测值。

由于零方向有起始照准和闭合照准两个方向值，一般取其平均值作为零方向的方向观测值，将零方向的方向观测值归零为0°00′00.0″，其他各方向的方向观测值依次减去零方向的方向观测值即得归零后的各方向观测值。各测回归零后的同一方向观测值的互差称为测回互差，应小于规定的限差。

表3-3为四等三角测量水平方向观测手簿的记录与计算示例。

表3-3 水平方向观测手簿

第八测回　　仪器：北光J2　　点名：岭西屯　　等级：四　　成像：清晰　　日期：××月××日

天气：晴，东风二级　　开始：××时××分　　结束：××时××分

方向号数名称及照准目标		读数 盘左				盘右			左+右±180° 2C	$\frac{左+右±180°}{2}$	归零后方向值
		°	′	″	″	°	′	″	″	° ′ ″	° ′ ″
1	小山/T	140	18	25.1 26.0	25.6	320	18	21.8 22.0	21.9	3.7	(140 18 24.2) 140 18 23.8	0 00 00.0
2	锡南/T	200	29	10.1 10.2	10.2	20	29	05.1 04.9	05.0	5.2	200 29 07.6	60 10 43.4
3	大镇/T	272	07	32.0 31.8	31.9	92	07	30.8 30.6	30.7	1.2	272 07 31.3	131 49 07.1
4	河山/T	307	52	17.8 18.1	18.0	127	52	10.6 11.2	10.9	7.1	307 52 14.4	167 33 50.2
1	小山/T	140	18	27.9 28.1	28.0	320	18	21.0 21.2	21.1	6.9	140 18 24.6	0 00 00.0

归零差：$\Delta_\text{左}$ = ___2.4″___，$\Delta_\text{右}$ = ___-0.8″___ 。

最后必须强调指出，一切原始观测数据和记事项目，必须做到记录真实，注记明确，格式统一，书写端正，字迹清楚整齐，整饰清洁美观，手簿中记录的任何数据不得有涂改、擦改、转抄现象。

三、测站检核与重测规定

由于某些系统误差的残余和各种偶然误差的影响，使测站上的观测成果与其理论值存在一定程度的差异。为了保证观测成果的精度，根据误差传播规律和大量实验验证，对其差异规定一个界限，称为限差。测站限差是根据不同的仪器类型制定的，它是检核和保证测角成果精度的重要指标，《工程测量规范》(GB 50026—2007)对方向观测法中的各项限差规定如表3-4所示。

表3-4　　　　　　　　　　水平角方向观测法的技术要求

等级	仪器型号	光学测微器两次重合读数之差(″)	半测回归零差(″)	一测回内2C	同一方向值各测回较差(″)
四等及以上	1″级仪器	1	6	9	6
	2″级仪器	3	8	13	9
一级及以下	2″级仪器	—	12	18	12
	6″级仪器	—	18	—	24

注：①全站仪、电子经纬仪水平角观测时不受光学测微器两次重合读数之差指标的限制；
②当观测方向的垂直角超过±3°的范围时，该方向2C互差可按相邻测回同方向进行比较，其值应满足表中一测回内2C互差的限值；
③观测的方向数不多于3个时，可不归零。

为了保证观测成果的质量，对各项限差应认真检核，凡是超过限差规定的成果都必须予以重测。出现超限情况，可能由于观测条件不佳、操作不慎，存在系统误差和粗差。判断重测对象时，应结合当时当地的实际情况客观分析，正确判断。

一测站的重测和数据取舍应遵循下列原则：

(1) 凡超出规定限差的结果，均应重测。重测应在基本测回（即规定的全部测回）完成并对成果综合分析后再进行。因对错度盘、测错方向、读记错误、碰动仪器、气泡偏移过大、上半测回归零差超限或因中途发现观测条件不佳等原因而放弃的测回，可以立即重测，不记重测方向测回数。

(2) 2C 互差或各测回互差超限时，应重测超限方向并联测零方向。因测回互差超限重测时，除明显孤值外，原则上应重测观测结果中最大和最小值的测回。

(3) 零方向的 2C 互差或下半测回的归零差超限，该测回应重测。方向观测法一测回中，重测方向数超过测站方向总数的 1/3 时（包括观测 3 个方向时，有一个方向重测），该测回应重测。

(4) 采用方向观测法时，每站基本测回重测的方向测回数，不应超过全部方向测回总数的1/3，否则该站所有测回重测。

方向观测法重测数的计算方法是，在基本测回观测结果中，重测1个方向算作1个方向测回，1个测回中有2个方向需重测，算作2个方向测回；因零方向超限而重测的整个测回算作($n-1$)个方向测回。每站全部方向测回总数按($n-1$)m计算，式中，n为该站方向总数，m为基本测回数。

设某测站上的方向数$n=6$，基本测回数$m=9$，则测站上的方向测回总数($n-1$)$m=45$，该测站重测方向测回数应小于15。

(5)重测与基本测回结果不取中数，每一测回只取1个符合限差的结果。

四、计算测站方向观测值

由于受各种误差的影响，一份合格的方向观测成果中，各方向不同测回的归零方向值也可能不完全相等，为了获得观测成果的最可靠值，需要进行测站平差。根据误差传播定律得出，各测回归零后方向值的平均值即各测回方向的测站平差值。

任务3.3 全站仪角度测量

精密光学经纬仪曾经在施测国家大地控制网过程中起到至关重要的作用，但随着电子测距技术的出现，大大地推动了速测仪的发展。用电磁波测距仪代替光学视距经纬仪，使得测程更大、测量时间更短、精度更高。人们将距离由电磁波测距仪测定的速测仪笼统地称之为"电子速测仪"。然而，随着电子测角技术的出现，这一"电子速测仪"的概念又相应地发生了变化，根据测角方法的不同分为半站型电子速测仪和全站型电子速测仪。半站型电子速测仪是指用光学方法测角的电子速测仪，也有称之为"测距经纬仪"。这种速测仪出现较早，并且进行了不断的改进，可将光学角度读数通过键盘输入测距仪，对斜距进行化算，最后得出平距、高差、方向角和坐标差，这些结果都可自动地传输到外部存储器中。全站型电子速测仪则是由电子测角、电子测距、电子计算和数据存储单元等组成的三维坐标测量系统，测量结果能自动显示，并能与外围设备交换信息的多功能测量仪器。由于全站型电子速测仪较完善地实现了测量和处理过程的电子化和一体化，所以人们也通常称之为全站型电子速测仪或简称全站仪。

由于全站仪价格低廉和操作方便，无论是精密测角，还是精密测距，目前实际工程中一般均采用全站仪测量，全站仪的结构与操作将在项目5中详细介绍。

《工程测量规范》(GB 50026—2007)规定导线测量水平角观测宜采用方向观测法，技术要求见表3-4。在各级测绘技能竞赛中，采用2″级全站仪完成一级导线测量时，一般要求：测回数为2；一测回内2C较差≤13″；同一方向值各测回较差≤9″；角度闭合差≤±10″$\sqrt{n}$ (n为测站数)。

当观测方向为2个时，一级导线水平角观测顺序同测回法，一般采用的记录表格如表3-5所示。

表 3-5　　　　　　　　　全站仪一级导线角度观测记录表

测站	测回	照准点	水平角读数		2C (″)	半测回角值 (° ′ ″)	一测回角值 (° ′ ″)	各测回平均角值 (° ′ ″)
			盘左 (° ′ ″)	盘右 (° ′ ″)				
O	Ⅰ	A	0 00 30	180 00 24	+6	0 00 27	54 20 21	54 20 22
		B	54 20 50	234 20 45	+5	54 20 48		
	Ⅱ	A	90 00 30	270 00 25	+5	90 00 28	54 20 24	
		B	144 20 53	324 20 50	+3	144 20 52		

当观测方向为 2 个时，三、四等导线的水平角观测，应在观测总测回中以奇数测回观测导线前进方向的左角，偶数测回观测右角，左右角各占一半。但在观测右角时，应以左角起始方向为准变换度盘位置。左角平均值与右角平均值之和与 360° 的差值，应不大于相应等级导线测角中误差的 2 倍。

任务 3.4　精密角度测量误差来源及影响

角度测量过程中，有着各种各样的误差来源，主要分为三个方面：作业环境引起的误差；仪器构造不完善引起的误差；观测过程中的人为误差。这些误差来源对角度观测的精度有着不同的影响，研究误差对观测成果影响的规律，在观测过程中采取相应的措施，可以保障观测成果的精度。

一、外界因素的影响

由于外界作业环境的复杂性，大气温度、湿度、密度、太阳照射方位及地形、地物和地类分布等外界因素变化对测角精度的影响是不相同的，主要表现在以下几个方面。

(一) 大气状况对目标成像质量的影响

照准目标成像质量的好坏，直接影响角度测量的精度。精密测角中，要求目标成像稳定、清晰，大气层密度变化和大气透明度对目标成像质量有着显著影响。

(1) 目标成像是否稳定主要取决于视线所通过的近地大气层密度的变化情况，也就是取决于太阳造成地面热辐射的强烈程度以及地形、地物和地类等的分布特征。如果大气密度均匀不变，大气层则保持平衡，目标成像质量稳定；如果大气密度变化剧烈，目标成像就会产生上下左右跳动。实际上大气密度始终存在着不同程度的变化，当太阳照射时，引起大气分子温度变化，不同地类吸热、散热性能不同，近地大气存在温度差别，从而形成大气对流，影响目标成像的稳定性。

（2）目标成像是否清晰主要取决于大气的透明程度，也就是取决于大气中对光线起散射作用的尘埃、水蒸气等物质的多少，本质上也取决于太阳辐射的强烈程度。由于太阳辐射，强烈的空气水平气流和上升对流使地面尘埃上升，水域和植被地段的强烈升温产生大量的水蒸气，尘埃和水蒸气对近地大气的透明度起着决定性作用。

为了获得稳定清晰的目标成像，应选择有利的观测时间段进行观测。一般晴天在日出、日落和中午前后，成像模糊或跳动剧烈，此时不应进行观测。阴天由于太阳的热辐射较小，大气温度和密度变化也较小，几乎全天都能获得清晰稳定的目标成像，所以全天的任何时间都有利于观测。

（二）水平折光的影响

光线通过密度不均匀的介质时，会发生连续折射，并向密度大的一方弯曲，形成一条曲线。如图 3-17 所示，来自目标 B 的光线进入望远镜时，望远镜所照准的方向并非理想的照准方向 AB 直线，而是 AB 弧线在望远镜 A 处的切线方向 AC，两个方向间有一微小的夹角 δ，称为微分折光。微分折光可分为纵向和水平两个分量，其中，由于大气密度在垂直方向上的变化引起的纵向分量比较大，是微分折光的主要部分。微分折光的水平分量影响着视线的水平方向，对精密测角的观测成果产生系统性质的误差影响。

图 3-17 大气折光示意图

当太阳照射不同地类的地面时，由于吸热和散热性能的差异，使近地面处空气密度发生变化，引起水平折光的不同。如图 3-18(a) 所示，白天在太阳照射下，沙石地面升温快，密度小，水面空气升温慢，密度大。由 A 点观测 B 点时，视线凹向河流，即图 3-18(b) 中 AC 方向；夜间由于沙石地面散热快，水面空气散热慢，温度变化情况与白天正好相反，因此，夜间观测 B 点时，视线凸向河流，即图 3-18(b) 中 AD 方向。可见，取白天和夜间观测成果的平均值，可以有效地减弱水平折光的影响。

不仅大气温度变化会影响水平折光，当视线通过某些实体附近也会产生局部性水平折光影响。例如视线通过岩石等实体附近时，由于岩石较空气吸热快、传热也快，使岩石附近的气温升高、密度变小，从而使视线发生弯曲。并且，引起大气密度分布不均匀的地形、地物靠测站愈近，水平折光就愈大。

图 3-18 白天和夜间的水平折光影响

为了削减水平折光对精密测角的影响,选点时,视线应超越(或旁离)障碍物一定高度(或距离),避免从山坡、大河、湖泊、较大的城镇及工矿区的边沿通过,并应尽量避免视线通过高大建筑物、烟囱和电杆等实体的侧方。观测时,选择有利的观测时间,将整个观测工作分配在几个不同的时间段内进行。一般在有微风的时候或在阴天进行观测,可以减弱部分水平折光的影响。

(三)温度变化对视准轴的影响

观测时,由于空气温度变化,仪器各部分受热不均匀,产生微小的相对变形,使视准轴偏离正确位置,从而引起读数的不正确。视准轴误差表现在同一测回照准同一目标的盘左、盘右的读数差中,该差值为两倍视准轴误差,以 $2C$ 表示。

当没有由于仪器变形而引起的误差时,每个观测方向所得的 $2C$ 值与其真值之差表现出偶然性质。但当连续观测几个测回的过程中温度不断变化时,每个测回所得的 $2C$ 值互差表现出系统性质,并且与观测过程中的温度变化密切相关。

利用 $2C$ 值的上述性质,观测中可采用按时间对称排列的观测程序来削弱这种误差对观测结果的影响。假设在一测回的较短时间内,空气温度变化与时间成比例,则按时间对称排列的观测程序,上半测回依顺时针次序观测各目标,下半测回依逆时针次序观测各目标,并尽量使观测每一目标的时间间隔相近,当同一方向上、下半测回观测值取平均时,可以认为各目标是在同一平均时刻观测的,因而所取平均值受到相同的误差影响,在计算角度时可以大大削弱温度变化对视准轴影响而产生的误差。

(四)照准目标的相位差

当照准目标呈圆柱形时,如觇标的圆筒,在阳光的照射下,圆筒上会出现明亮和阴暗两部分,如图 3-19 所示。当背景较阴暗时,十字丝往往照准其较明亮部分的中线;当背景较明亮时,十字丝却照准其较阴暗部分的中线。这样,十字丝照准的实际位置并非照准目标的真正中心轴线,从而给观测结果带来误差,这种误差叫作相位差。

图 3-19 照准目标相位差

为了减弱相位差的影响，精密测角中一般采用反射光线较小的圆筒，如微相位照准圆筒。当阳光的照射方位发生变化时，相位差也会随之不同。由于上午和下午太阳分别位于两个对称位置，使照准目标的明亮与阴暗部分恰恰相反，则相位差的影响也正好相反，因此，每个测站最好在上午和下午各观测半数测回，在各测回平均值中可有效削弱相位差的影响。

(五) 觇标内架或三脚架扭转的影响

在地面上观测时，仪器通常安放在三脚架上，在高标上观测时，仪器则安放在觇标内架的观测台上。当温度发生变化，如阳光照射，会使觇标内架或三脚架产生不均匀的胀缩，从而引起扭转。当觇标内架或三脚架发生扭转时，仪器基座和与之固连在一起的水平度盘也会随之发生变动，给水平方向观测带来误差影响。

假定在一测回的观测过程中，觇标内架或三脚架的扭转是匀速发生的，采用按时间对称排列的观测程序也可以减弱这种误差对水平角的影响。并且，要选择有利的观测时间，避免在日出、日落前后及温度、湿度有显著变化的时间段内观测。

二、仪器误差的影响

除外界因素会影响观测精度外，仪器误差，如视准轴误差、水平轴倾斜误差、垂直轴倾斜误差、照准部偏心差、水平度盘偏心差、测微器行差、度盘分划误差和测微器分划误差等也是影响观测精度的主要误差来源。

(一) 水平度盘位移的影响

照准部旋转时带动仪器基座产生弹性扭曲，会使水平度盘发生位移，从而给水平方向观测值带来系统性的误差影响。依顺时针方向旋转照准部时，会使读数偏小；而依逆时针方向旋转照准部时，会使读数偏大。

根据这种误差的性质，如果在半测回中保持照准部的旋转方向不变，则各照准目标的观测值中含有符号相同、大小基本相等的误差影响，在由各方向组成的角度值中可基本消除这种误差影响。如果在一测回中，上半测回以顺时针方向旋转照准部，依次照准各目标，下半测回以逆时针方向旋转照准部，按相反的次序照准各目标，则在同一角度的上、下半测回的平均值中可以很好地消除这种误差影响。

(二) 照准部水平微动螺旋作用不正确的影响

使用照准部水平微动螺旋精确照准目标时，由于油污阻碍或弹簧老化等原因使长期处于受压状态的反作用弹簧弹力减弱，当旋出照准部水平微动螺旋后，微动螺杆顶端出现微小的空隙，不能及时推动照准部转动，在读数过程中，弹簧才逐渐伸张而消除空隙，使视准轴偏离照准方向，给读数带来误差。为了减弱其影响，规定照准目标时应按旋进方向，即压紧弹簧的方向，旋转照准部水平微动螺旋，并且尽量使用水平微动螺旋的中间部分。

(三) 垂直微动螺旋作用不正确的影响

仪器精平后，转动垂直微动螺旋，望远镜应在垂直面内俯仰。但是，如果水平轴与其轴套之间有空隙，垂直微动螺旋的运动方向与其反作用弹簧弹力的作用方向不在同一直线上时，产生的附加力矩会引起水平轴一端位移，使视准轴位置发生改变，给水平方向观测值带来误差，这就是垂直微动螺旋作用不正确的影响。若垂直微动螺旋作用不正确，在观测水平角时，禁止使用垂直微动螺旋，直接用手转动望远镜到所需的位置。

(四) 光学测微器隙动差的影响

隙动差是测微器的测微度盘和活动的光学零件之间的转动存在着间隙而产生的读数误差，特别在使用日久和拆修不当的光学仪器上更为明显。虽在精密光学经纬仪设计中增加了一些零件来减少隙动差的影响，但不能完全消除，特别是随着仪器使用时间的增长，测微器机械传动部分的磨损增大，"旋进读数""旋出读数"的差异将更大。规范规定，在使用测微器进行读数时，应使测微器"旋进"而终止。

三、照准误差和读数误差的影响

(1) 照准误差主要与望远镜的放大率、照准目标的形状、目标影像的亮度和清晰度以及人眼的判断能力有关，如果目标成像晃动、与背景分辨不清，会增大照准误差甚至产生照准错误，可见，照准误差受外界因素的影响较大。

(2) 读数误差主要取决于仪器的读数设备，当采用对径重合法读数时，读数误差主要表现为对径重合误差，它受外界条件的影响较小。如果照明情况不佳，显微镜目镜未调好焦，观测者技术不熟练，都会增大读数误差。

因此，选择目标成像清晰稳定的观测时间，仔细消除视差，观测者认真负责地进行观测，是提高精度的有效措施。此外，由于照准误差和读数误差具有偶然性质，还可以用多余观测的方法来削弱其影响，如对径重合读数两次和多于一个测回的观测，对多个观测量取平均，可以削弱照准误差和读数误差的影响。

四、精密测角的一般原则

根据各种误差的性质及其影响规律，精密测角中，为了尽可能地消除或削弱各种误差的影响，制定了相应的测角原则：

(1)选择目标成像清晰、稳定的有利时间段进行观测，以提高照准精度和减小大气折光的影响。

(2)观测前应认真调焦，消除视差，在一测回的观测过程中不得重新调焦，以免引起视准轴的变动。

(3)各测回应将起始方向均匀地分配在水平度盘和测微器的不同位置，以消除或削弱度盘和测微器的分划误差的影响。

(4)上、下半测回分别采用盘左、盘右观测，以消除和减弱视准轴误差、水平轴倾斜误差等的影响，同时可由盘左、盘右的读数差获得两倍视准轴误差 $2C$，借以检核观测质量。

(5)一测回的观测过程中，应按与时间对称排列的观测程序，上、下半测回依相反次序照准目标，并使每一目标的观测时间大致相同，以消除或减弱与时间成比例均匀变化的误差影响，如温度变化对视准轴的影响、觇标内架或三脚架的扭转等。

(6)为了避免或减弱仪器操作过程中带动水平度盘位移的误差，要求每半测回开始观测前，照准部按规定的转动方向先预转 1~2 周。

(7)使用照准部水平微动螺旋和测微螺旋时，其最后旋转方向均应为旋进。

(8)仪器应精平，当照准部水准器气泡在观测过程中偏离水准器中央一格时，应在测回间重新整平仪器，以减弱垂直轴倾斜误差的影响。

【项目小结】

本项目主要介绍精密光学经纬仪的结构特点及读数方法，方向观测法的施测与计算，全站仪角度测量的方法，精密光学经纬仪的检验方法，精密测角的误差来源及影响等知识点。虽然精密光学经纬仪已经很少在当今工程建设中使用，但作为测绘类专业学生，还是应对其结构、操作、读数等有所了解，培养学生良好的职业素质。

【课后习题】

1. 我国光学经纬仪系列分为 J07、J1、J2、J6 等型号，试述 J 字及其后数字各代表什么含义？

2. 影响方向观测精度的误差主要分哪三大类？各包括哪些主要内容？

3. 何谓水平折光差？为什么说由它引起的水平方向观测误差呈系统误差性质？在作业中应采取什么措施来减弱其影响？

4. 试判断下列情况是否重测。若重测，是否记重测方向测回数？

(1)当观测员完成了上半测回，记录员才发现归零差超限，但未通知观测员，观测员继续完成了下半测回；

(2)在下半测回快要结束时，观测员发现气泡偏离过大；

(3)当观测员读完下半测回归零方向的读数后,记录员发现下半测回归零差超限并未做记录;

(4)当记录员记完了一个测回的记录后,发现观测员测错了一个方向;

(5)记录员在记录过程中记错了秒值。

5. 简述精密测角的一般原则。

6. 读出下列精密光学经纬仪的读数。(估读到0.1″)

a. 北光 TDJ2E 光学经纬仪

读数为_____°_____′_____″

b. 威特 T2 光学经纬仪

读数为_____°_____′_____″

7. 下表为某一测站的方向观测记录,试完成计算。(精确到0.1″)

四等方向观测记录表　　　第1测回　　　测站点:岭西村　　　等级:四等

方向号数名称及照准目标		读　数					左+右±180° 2C	左+右±180° 2	归零后方向值
		盘　左			盘　右				
		°	′	″	°	′	″	″	° ′ ″	° ′ ″
1	新台 T	0	00	33.2 34.0	180	00	37.1 37.0			
2	富家 T	60	11	12.1 10.2	240	11	13.1 15.1			
3	黄沙 T	131	49	32.0 31.2	311	49	38.0 39.0			
4	西佛 T	217	34	50.8 49.2	37	34	53.0 55.0			
1	新台 T	0	00	35.0 34.1	180	00	42.2 41.0			

归零差:$\Delta_左$ = _____″, $\Delta_右$ = _____″。

项目4　精密距离测量

【项目简介】

本项目主要介绍电磁波测距原理，全站仪的原理及使用方法，精密测距的外业实施及内业计算方法，测距误差的主要来源等知识点。

【教学目标】

通过本项目的学习，使学生掌握全站仪精密测距及内业处理的原理与方法，了解精密距离测量的误差来源。

任务4.1　电磁波测距基本知识

在各种测量工作中，距离测量占据着极其重要的地位。传统的距离测量通常有直接法测距和间接法测距。

（1）直接法测距。直接法测距就是采用已知长度刻划的测尺、测规等量测工具与被测距离进行直接比对。1961年前，我国天文大地网的所有基线或起始边长几乎都是用24m因瓦基线尺测定的。在工程测量中有时还用皮尺或钢尺进行距离测量。传统的直接法距离测量，其优点是测量过程直观，测量设备相对简单，也能达到较高的测量精度（因瓦基线尺的测距精度可高于1/100万）。其缺点也比较突出：一是测尺的测程较短，一般的钢尺长度为30m或50m，超过一整尺长的距离需要多次串尺测量；二是在跨越山沟、河谷方面，显得困难重重，甚至无能为力；三是劳动强度大，效率低下。

（2）间接法测距。为了克服直接法测距在野外测量中的缺陷，人们一直设法寻求新的测距手段。如视差法测距，其主要特点是把长度基准L平置于被测距离的端点上，且与视线垂直，通过测量长度基准端点间的水平角来间接计算被测距离。总的来说这种测量方法测程还是有限（一般为几百米），精度也不高（约为万分之一）。

间接法测距为以后的距离测量提示了一个思路，即首先获得一个比较容易测定且含有距离信息的间接量，然后按一定的方法再求得距离。采用电磁波信号进行距离测量就是测定电磁波信号在被测距离上的传播时间，间接求得被测距离。

一、电磁波测距的基本方法

电磁波测距是通过测定电磁波波束在待测距离上往返传播的时间来确定待测距离的。如图4-1所示，欲测量A、B两点间的距离D，在A点安置电磁波测距仪，在B点设置反射棱镜，测距仪发出的电磁波信号经反射棱镜反射后，又回到测距仪主机。如果测定电磁波信号在A、B两点往返之间传播的时间t，则距离D可按下式计算：

$$D = \frac{1}{2} C \cdot t \qquad (4\text{-}1)$$

式中，C 为电磁波在大气中的传播速度（约等于 $3 \times 10^8 \mathrm{m/s}$）。而电磁波往返传播的时间 t，可以直接测定，也可以间接测定。

图 4-1　电磁波测距基本方法

不难看出，利用电磁波测距，只要在测距仪的测程范围内，中间无障碍，在任何地形条件下的距离测量都是十分快捷便利的，因此被广泛用于大地测量、工程测量、地形测量、地籍测量和房地产测绘中。

二、电磁波测距的基本原理

电磁波测距仪按测量测距信号往返传播时间 t 的方法不同，分为脉冲式测距仪和相位式测距仪两种。脉冲式测距仪直接测定 t，而相位式测距仪间接测定 t。

（一）脉冲式测距基本原理

脉冲法测距直接测定仪器所发射的脉冲信号往返于被测距离的传播时间，从而得到待测距离。图 4-2 为其工作原理框图。由光电脉冲发射器发射出一束光脉冲，经发射光学系统投射到被测目标。与此同时，由取样棱镜取出一小部分光脉冲送入光电接收系统，并由光电接收器转换为电脉冲（称为主脉冲波），作为计时的起点；从被测目标反射回来的光脉冲也通过光接收系统后，由光电接收器转换为电脉冲（也称回脉冲波），作为计时的终点。可见，主脉冲波和回脉冲波之间的时间间隔是光脉冲在测线上往返传播的时间 t_{2D}。而 t_{2D} 是通过计数器并由标准时间脉冲振荡器不断产生的具有时间间隔（t）的电脉冲数 n 来决定的。

因为

$$t_{2D} = nt \qquad (4\text{-}2)$$

则

$$D = \frac{Cnt}{2} = nd \qquad (4\text{-}3)$$

式（4-3）中，n 为标准时间脉冲的个数；$d = \frac{Ct}{2}$，即在时间 t 内，光脉冲往返所走的一个单位距离。所以，我们只要事先选定一个 d 值（例如 10m、5m、1m 等），记下送入计数系统的脉冲数目，就可以直接把所测距离（$D = nd$）用数码显示器显示出来。

图 4-2 脉冲法测距的基本原理

(二) 相位式测距基本原理

所谓相位法测距就是通过测量连续的调制信号在待测距离上往返传播产生的相位变化来间接测定传播时间,从而求得被测距离。图 4-3 表示其工作原理。

图 4-3 相位式测距的基本原理

由载波源产生的光波经调制器被高频电波所调制,成为连续调制信号。该信号经测量路线达到彼端反射器,经反射后被接收器所接收,再进入混频器(Ⅰ),变成低频(或中频)测距信号 $e_{测}$。另外,在高频电波对载波进行调制的同时,仪器发射系统还产生了一个高频信号,此信号经混频器(Ⅱ)混频后成为低频(或中频)基准信号 $e_{基}$。$e_{测}$ 和 $e_{基}$ 在比相器中进行相位比较,由显示器显示出调制信号在两倍测线距离上传播所产生的相位移,或者直接显示出被测距离值。

如图 4-4 所示,若在 A 点的测距仪向 B 处反射棱镜连续发射角频率 ω 振幅 e_m 的调制光波信号 e_1,经接收系统接收反射回来的反射波信号为 e_2,则经过 t_{2D}(调制波往返于测线所经历的时间)后,发射波与反射波之间的相位差为

$$\varphi = e_2 - e_1 = e_m\sin(\omega t - \omega t_{2D}) - e_m\sin\omega t = \omega t_{2D} \quad (4-4)$$

图 4-4　信号往返一次的相位差

若测出相位差,则可以由式(4-4)解出调制波在测线上往返传播的时间 t_{2D},为

$$t_{2D} = \frac{\varphi}{\omega} = \frac{\varphi}{2\pi f} \quad (4-5)$$

式中,f 为调制波频率。将上式代入式(4-4)中可得用相位差表示的测距公式

$$D = \frac{1}{2}C\frac{\varphi}{\omega} = \frac{1}{2}C\frac{\varphi}{2\pi f} = \frac{C}{4\pi f}\varphi \quad (4-6)$$

由图 4-4 可以看出

$$\varphi = 2N\pi + \Delta\varphi = 2\pi(N + \Delta N) \quad (4-7)$$

式中:N——相位差中的整周期数;

　　$\Delta\varphi$——不足一个周期的相位差的尾数;

　　ΔN——$\Delta\varphi$ 对应的小数周期。

将式(4-7)代入式(4-6)得

$$D = \frac{C}{4\pi f} \cdot 2\pi(N + \Delta N) = \frac{\lambda}{2}(N + \Delta N) \quad (4-8)$$

式中,λ 为测距信号波长,$\lambda = \frac{C}{f}$。为便于说明问题,令 $U = \frac{\lambda}{2}$,则上式变为

$$D = U(N + \Delta N) \quad (4-9)$$

式(4-9)就是相位法测距的基本公式。显然相位法测距相当于用一把长度为 U 的"电尺"来丈量被测距离。被测距离等于 N 个整尺段再加上余长 $\Delta N \cdot U$。由于 U 是已知的,因此欲得到距离 D 必须测定两个量:一个是"整波数"N,另一个是"余长"$U = \frac{\lambda}{2} = \frac{C}{2f}$,亦即相位差尾数 $\Delta\varphi$ 值(因 $\Delta N = \frac{\Delta\varphi}{2\pi}$)。在相位式测距仪中,一般只能测定 $\Delta\varphi$(或 ΔN),无法测定整波数 N。这好比钢尺量距,记录员忘了丈量的整尺段数,只记住了最后不足一尺的余长。因此相位法测距必须设法测定整波数 N 才能确定被测距离。

从式(4-9)可以看出,如果测尺长度足够大,大到距离 D 不够一个测尺长度 U 时,则只有 ΔN,而整尺数 $N = 0$,这时就能够确定被测距离 $\Delta N \cdot U$,根据 $U = \frac{\lambda}{2} = \frac{C}{2f}$,$C = 3 \times 10^{-5}$km/s,可以选择调制频率较低的长测尺。表 4-1 列出了测尺长度与测尺频率(调制频率)及测相精度的对应关系。

表 4-1　　　　　　　　　测尺频率(调制频率)与测尺长度对应表

测尺频率	15MHz	1.5MHz	150kHz	15kHz	1.5kHz
测尺长度	10m	100m	1km	10km	100km
精度	1cm	10cm	1m	10m	100m

由表 4-1 可以看出,测尺越长,测距精度越低。为了实现测程远且精度又高的要求,在测距仪上采用合理搭配的一组测尺共同测距,以长测尺(又称粗测尺)解决 N 的问题,保证测程;短测尺(又称精测尺)保证精度。这就如同钟表上用时、分、秒三针互相配合来确定 12 小时内的准确时刻一样,根据测距仪的最大测程与精度要求,设置调制频率的个数,即选择测尺数目和测尺精度。对于短程测距仪,一般采用两个测尺频率。

任务 4.2　电磁波测距的外业实施与内业计算

一、精密距离测量的实施

对于测距而言,目前通常采用测距仪或全站仪。为了保证距离测量成果的精度,对所用的测距仪器应按有关测量规范要求进行检验,因为仪器任何部件效用的不正确或误差都会影响距离测量结果的精度。

(一)测距仪的检验

对用于距离测量的测距仪或全站仪的测距部分,按相应中短程电磁波测距规程要求应作如下项目的检验:
(1)测距仪的检视;
(2)发射、接收、照准三轴关系正确性的检校;
(3)发光管光相位不均匀性的检验;
(4)幅相误差的检验;
(5)周期误差的检验;
(6)加常数和乘常数的检验;
(7)棱镜常数的检验;
(8)测程的检验;
(9)内部符合精度的检验;
(10)测程的检验;
(11)检定综合精度的评定;
(12)精测频率的检验。
对于新购置或经过修理过的测距仪要进行以上全部项目的检验,对于正常使用的测距仪,应定期检验(5)、(6)项。
2008 年 5 月实施的《工程测量规范》中,删去了测距仪器检校的具体内容,它属于仪器检定的范畴。但在高海拔地区作业时,对辅助工具送当地气象台(站)的检验校正是很有必要的。仪器检定应由具有计量检定资质的专门机构来做,并提供检定证书。

(二)精密测距的外业实施

进行测距作业,首先应选择经检定合格的测距仪和气象仪器,具体作业和测距成果的改正计算应依照规范和有关规定进行。

1. 观测时间的选择

(1)距离观测时间的选择,应考虑地形、地面植被、地面的粗糙度、温度、云量、风速和大气透明度。

(2)在平原或丘陵地区,晴天无云雾时,各等级边测距的最佳观测时间是:上午日出后半小时至一个半小时,下午日落前三小时至半小时;在山地沟谷地区则应选择在下午日落前的时间观测。

(3)阴天、有微风时,全天可以观测。

(4)雷雨前后,大雾、大风、雨、雪天和大气透明度很差时,不应进行距离测量。

2. 距离测量

正确安置测距仪和反射棱镜,对中误差应不大于2mm,量取测距仪和棱镜高各两次,读至毫米,取平均值。严格按照仪器操作程序作业,各种键、钮的操作要轻柔。保证仪器周围大气流通性较好,晴天应张伞遮阳。严禁将测距仪正对太阳,免得损坏仪器。测距时在测线方向不应有其他强反光体。任何时候,测距仪和反射棱镜均要有人看守。当观测数据超限时,应重测整个测回(测回是指照准目标1次,读数2~4次的过程),如观测数据出现分群时,应分析原因,采取相应措施重新观测。

各等级边长测距的主要技术要求,应符合表4-2的规定。

表4-2 测距的主要技术要求

平面控制网等级	仪器精度等级	测回数		一测回读数较差(mm)	单程各测回较差(mm)	往返较差(mm)
		往	返			
三等	5mm级仪器	3	3	≤5	≤7	≤2(a+b·D)
	10mm级仪器	4	4	≤10	≤15	
四等	5mm级仪器	2	2	≤5	≤7	
	10mm级仪器	3	3	≤10	≤15	
一级	10mm级仪器	2	—	≤10	≤15	—
二、三级	10mm级仪器	1	—	≤10	≤15	

注:①测距的5mm级仪器和10mm级仪器,是指当测距长度为1km时,仪器的标称精度m_D分别为5mm和10mm的电磁波测距仪器,$m_D = a + b \cdot D$;

②困难情况下,边长测距可采取不同时间段测量代替往返观测;

③计算测距往返较差的限差时,a、b分别为相应等级所使用仪器标称的固定误差和比例误差。

(三) 测定气象要素

电磁波测距的同时要测定气象要素，以进行测距的大气改正。气象元素包括气温、气压和空气绝对湿度。绝对湿度是通过测定空气的干温和湿温后计算而取得。干、湿温度表应悬挂在离开地面和人体1.5m以外阳光不能直射的地方，且读数精确至0.2℃；气压表应置平，指针不应滞阻，且读数精确至50Pa。对于四等及以上等级的控制网边长测量，应分别量取两端点观测始末的气象数据，计算气象改正数时取平均值。

测距误差的大小与仪器本身的质量、观测时的外界条件以及操作方法有着密切的关系。为了提高测距精度，必须正确地分析测距的误差来源、性质及大小，从而找到消除或削弱其影响的办法，使测距获得最优精度。

二、精密测距的内业计算

地面上观测的斜距，要进行以下几个步骤：①进行加常数、乘常数、大气、周期误差的改正；②将斜距换算至平距；③归算至参考椭球面；④投影至高斯平面等。这样测距边长就可以用于控制测量的平差计算。

1. 加常数改正

经检定得到的测距仪加常数K（这里的加常数K包括了棱镜加常数），对距离观测值D进行改正，改正公式为：

$$D' = D + K \tag{4-10}$$

2. 乘常数改正

测距边长值应该是基于测距仪的标准频率而得的，但是测距仪的频率会发生漂移，从而会对距离观测值产生影响。

设R为乘常数，D''为经乘常数改正后的距离观测值，则乘常数的改正公式为：

$$D'' = D' + D' \cdot R \tag{4-11}$$

3. 气象改正

电磁波在大气中的传播速度随大气温度t、气压P、湿度e等条件的变化而改变，因而实际测距作业时的大气状态变化将会对距离观测值产生影响，必须予以改正，即加上一个气象改正数。由于湿度e对距离观测值产生的影响较小，通常不予考虑。因为温度、气压的变化会影响大气折射率，不同波长的电磁波传递速度受到的大气折射率影响也不同，也就是说，电磁波测距信号波长不同，气象要素对其影响的程度也不同。

波长$\lambda = 0.832\mu m$的红外测距信号，其气象改正公式为：

$$\Delta D_n = \left(278.96 - \frac{0.3872P}{1 + 0.003661t}\right) D_{测} \tag{4-12}$$

式中：ΔD_n——边长的气象改正值(mm)；

P——测站气压(mmHg)，1mmHg=133.322Pa；

t——测站温度(℃)；

$D_{测}$——观测距离(km)。

通常，测距仪的说明书中或给出气象改正公式，或给出测距信号的波长，或给出一个以温度、气压为引数的改正表。目前较新的测距仪(全站仪)都具有自动计算大气改正数的功能,即在观测时直接键入温度、气压值,由仪器自动计算气象改正,其最后显示的距离是经过气象改正的距离。

4. 斜距归算至平距

如图4-5所示,设野外测定的斜距为d,它是在测站A和棱镜站B不等高的情况下得到的。将d化至平距时,首先要选取所在高程面,高程面不同,平距值亦不同。这里讨论将d化至A、B平均高程面上的平距D_0。这对于以后的换算和往、返测观测的较差检核都是便利的。

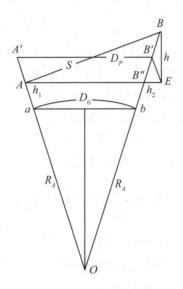

图4-5 测距成果的归算

在控制测量中,距离S通常不超过10km,水平距离的计算,可分别按下列公式进行:

$$D_p = \sqrt{S^2 - h^2} \tag{4-13}$$

式中:D_P——水平距离(m);

S——经气象及加、乘常数等改正后的斜距(m);

h——仪器与反光镜之间的高差(m);

R_A——参考椭球体在测距边方向法截弧的曲率半径(m)。

5. 平距归算至测区平均高程面

有些时候,需要将测区内所有的观测平距对算到测区平均高程面上。此时应按下式计算:

$$D_H = D_P \left(1 + \frac{H_P - H_m}{R_A}\right) \tag{4-14}$$

式中:D_H——测区平均高程面上的测距边长度(m);

D_P——测距两端点的平均高程面的水平距(m);

H_P——测区的平均高程(m);

H_m——测距两端的平均高程(m)；

R_A——参考椭球体在测距边方向法截弧的曲率半径(m)。

6. 平距归算至参考椭球面

归算到参考椭球面上的测距边长度，应按下式计算：

$$D_0 = D_P \left(1 - \frac{H_m + h_m}{R_A + H_m + h_m}\right) \tag{4-15}$$

式中：D_0——归算到参考椭球面上的测距边长度(m)；

h_m——测区大地水准面高出参考椭球面的高差(m)。

7. 将椭球面上的长度归算至高斯平面

测距边在高斯投影面上的长度，应按下式计算：

$$D_g = D_0 \left(1 + \frac{y_m^2}{2R_m^2} + \frac{\Delta y^2}{24R_m^2}\right) \tag{4-16}$$

式中：D_g——测距边在高斯投影面上的长度(m)；

y_m——测距边两端点横坐标的平均值(m)；

R_m——测距边中点的平均曲率半径(m)；

Δy——测距边两端点近似横坐标的增量(m)。

任务4.3 电磁波测距的误差来源及影响

测距误差的大小与仪器本身的质量、观测时的外界条件以及操作方法有着密切的关系。为了提高测距精度，必须正确地分析测距的误差来源、性质及大小，从而找到消除或削弱其影响的办法，使测距获得最优精度。

相位式测距的基本公式为

$$D = \frac{1}{2f} \frac{c_0}{n} \left(N + \frac{\Delta \Phi}{2\pi}\right) \tag{4-17}$$

式中：$c_0 = c \cdot n$。

将其线性化并根据误差传播定律得测距误差

$$M_D^2 = D^2 \left\{\left(\frac{m c_0}{c_0}\right)^2 + \left(\frac{m_f}{f}\right)^2 + \left(\frac{m_n}{n}\right)^2\right\} + \left(\frac{\lambda}{4\pi}\right)^2 m_\Phi^2 \tag{4-18}$$

式中：c_0——光在真空中传播的速度；

f——测尺频率；

n——大气折射率；

Φ——相位；

λ——测尺波长。

上式表明，测距误差 M_D 是以上各项误差综合影响的结果。实际上，观测边长 S 的中误差 M_S 还应包括仪器加常数的测定误差 m_K 和测站及镜站的对中误差 m_l，即

$$M_S^2 = D^2 \left\{\left(\frac{m c_0}{c_0}\right)^2 + \left(\frac{m_f}{f}\right)^2 + \left(\frac{m_n}{n}\right)^2\right\} + \left(\frac{\lambda}{4\pi}\right)^2 m_\Phi^2 + m_K^2 + m_l^2 \tag{4-19}$$

上式中的各项误差影响，就其方式来讲，有些是与距离成比例的，如 m_{c_0}，m_f 和 m_n 等，我们称这些误差为"比例误差"；另一些误差影响与距离长短无关，如 m_Φ，m_K 及 m_l 等，我们称其为"固定误差"。另一方面，就各项误差影响的性质来看，有系统的，如 m_{c_0}，m_f，m_K 及 m_n 中的一部分；也有偶然的，如 m_Φ，m_l 及 m_n 中的另一部分。对于偶然性误差的影响，我们可以采取不同条件下的多次观测来削弱其影响；而对系统性误差的影响则不然，但我们可以事先通过精确检定，缩小这类误差的数值，达到控制其影响的目的。

一、比例误差的影响

由式(4-19)可看出，光速值 c_0、调制频率 f 和大气折射率 n 的相对误差使测距误差随距离 D 而增加，它们属于比例误差。这类误差对短程测距影响不大，但对中远程精密测距影响十分显著。

(一)光速值 c_0 的误差影响

1975 年国际大地测量及地球物理联合会同意采用的光速暂定值
$$c_0 = 299792458 \pm 1.2 \text{m/s}$$

这个暂定值是目前国际上通用的数值，其相对误差 $\dfrac{m_{c_0}}{c_0} = 4 \times 10^{-9}$，这样的精度是极高的，所以，光速值 c_0 对测距误差的影响甚微，可以忽略不计。

(二)调制频率 f 的误差影响

调制频率的误差，包括两个方面，即频率校正的误差(反映了频率的精确度)和频率的漂移误差(反映了频率的稳定度)。前者由于可用 $10^{-8} \sim 10^{-7}$ 的高精度数字频率计进行频率的校正，因此这项误差是很小的。后者则是频率误差的主要来源，它与精测尺主控振荡器所用的石英晶体的质量、老化过程以及是否采用恒温措施密切相关。在主控振荡器的石英晶体不加恒温措施的情况下，其频率稳定度为 $\pm 1 \times 10^{-5}$。这个稳定度远不能满足精密测距的要求(一般要求 $\dfrac{m_f}{f}$ 在 $0.5 \times 10^{-6} \sim 1.0 \times 10^{-6}$ 范围内)，为此，精密测距仪上的振荡器采用恒温装置或者气温补偿装置，并采取了稳压电源的供电方式，以确保频率的稳定，尽量减少频率误差。目前，频率相对误差 $\dfrac{m_f}{f}$ 估计为 -0.5×10^{-6}。

频率误差影响在精密中远程测距中是不容忽视的，作业前后应及时进行频率检校，必要时还得确定晶体的温度偏频曲线，以便给以频率改正。

(三)大气折射率 n 的误差影响

在式(4-19)中，若只是大气折射率 n 有误差，则有
$$\frac{\mathrm{d}D}{D} = -\frac{\mathrm{d}n}{n} \tag{4-20}$$

通常，大气折射率 n 约为 1.0003，因 dn 是微小量，故这里取 $n=1$，于是

$$\frac{dD}{D} = -dn \tag{4-21}$$

对于激光（$\lambda = 6328\mathring{A}$）测距来说，大气折射率 n 由下式给出，即

$$n = 1 + \frac{170.91 \times P - 15.02e}{273.2 + t} \times 10^{-6} \tag{4-22}$$

由上式可以看出，大气折射率 n 的误差是由确定测线上平均气象元素（P 气压、t 温度、e 湿度）的不正确引起的，这里包括测定误差和气象代表性误差（即测站与镜站上测定值之平均。经过前述的气象元素代表性改正后，依旧存在代表性误差）。各气象元素对 n 值的影响，可分别求微分，并取中等大气条件下的数值（$P=101.325$ kPa，$t=20$℃，$e=1.33322$ kPa）代入后有

$$\left.\begin{array}{l} dn_t = 0.95 \times 10^{-6} dt \\ dn_p = 0.37 \times 10^{-6} dp \\ dn_e = 0.05 \times 10^{-6} de \end{array}\right\} \tag{4-23}$$

由此可见，激光测距中温度误差对折射系数的影响最大。当 $dt=1$℃ 时，$dn_t = -0.95 \times 10^{-6}$，由此引起的测距误差约一百万分之一，影响最小的是湿度误差。

从以上的误差分析来看，正确地测定测站和镜站上的气象元素，并使算得的大气折射系数与传播路径上的实际数值十分接近，从而大大地减少大气折射的误差影响，这对精密中、远程测距是十分重要的。因此，在实际作业中必须注意以下几点：

(1)气象仪表必须经过检验，以保证仪表本身的正确性。读定气象元素前，应使气象仪表反映的气象状态与实地大气的气象状态充分一致。温度读至 0.2℃，其误差应小于 0.5℃，气压读至 0.0667 kPa，其误差应小于 0.1333 kPa，这样，由于气象元素的读数误差引起的测距误差有望小于 1×10^{-6}。

(2)气象代表性的误差影响较为复杂，它受测线周围的地形、地物和地表情况以及气象条件诸因素的影响。为了削弱这方面的影响，选点时应注意地形条件，尽量避免测线两端高差过大的情况，避免视线擦过水域。观测时，应选择在空气能充分调和的有微风的天气或温度比较稳定的阴天。必要时，可加测测线中间点的温度。

(3)气象代表性的误差影响，在不同的时间（如白天与黑夜），不同的天气（如阴天和晴天），具有一定的偶然性，有相互抵消的作用。因此，采取不同气象条件下的多次观测取平均值，也能进一步地削弱气象代表性的误差影响。

二、固定误差的影响

如前所述，测相误差 m_Φ，仪器加常数误差 m_K 和对中误差 m_l 都属于固定误差。它们都具有一定的数值，与距离的长短无关，所以在精密的短程测距中，这类误差将处于突出的地位。

(一)对中误差 m_l

对于对中或归心误差的限制，在控制测量中，一般要求对中误差在 3mm 以下，要求

归心误差在 5mm 左右，但在精密短程测距时，由于精度要求高，必须采用强制归心方法，最大限度地削弱此项误差影响。

(二) 仪器加常数误差 m_K

仪器加常数误差包括在已知线上检定时的测定误差和由于机内光电器件的老化变质和变位而产生加常数变更的影响。通常要求加常数测定误差 $m_K \leq 0.5m$，此处 m 为仪器设计（标称）的偶然中误差。对于仪器加常数变更的影响，则应经常对加常数进行及时检测，予以发现并改用新的加常数来避免这种影响。同时，要注意仪器的保养和安全运输，以减少仪器光电器件的变质和变位，从而减少仪器加常数可能出现的变更。

(三) 测相误差 m_Φ

测相误差 m_Φ 是由多种误差综合而成的。这些误差有测相设备本身的误差，内外光路光强相差悬殊而产生的幅相误差，发射光照准部位改变所致的照准误差以及仪器信噪比引起的误差。此外，由仪器内部的固定干扰信号而引起的周期误差也在测相结果中反映出来。

1. 测相设备本身的误差

目前常用的方法有移相-鉴相平衡测相法和自动数字测相法两种。

当采用移相-鉴相平衡测相法时，测相设备本身的误差与电感移相器的质量、读数装置的正确性以及鉴相器的灵敏度等有关。其中电感移相器与机械计数器是联动的，由于移相器电路元件的变化和非线性误差影响，以及鉴相器的不灵敏，使机械计数器的读数与应有值不符，而产生测相误差，对此，必须提高移相器和鉴相器本身的质量。测距时，我们采用内外光路的多次交替观测，这样可以消除相位零点的漂移，提高测相精度。

当采用自动数字测相法时，数字相位计本身的误差与检相电路的时间分辨率、时间脉冲频率，以及一次测相的检相次数有关。一般来说，检相触发器和门电路的启闭愈灵敏，时标脉冲的频率愈高，则测相精度愈高，这自然和设备的质量有关。测相的灵敏度还与信号的强弱有关，而信号的强弱又与大气能见度、反光镜大小等因素有关。所以选择良好的大气条件配置适当的反光镜，也可以减少数字相位计产生的测相误差。

2. 幅相误差

由信号幅度变化而引起的测距误差称为幅相误差。产生的原因是放大电路有畸变或检相电路有缺陷，当信号强弱不同时，使移相量发生变化而影响测距结果，这种误差有时达 1~2cm。为了减小幅相误差，除了在制造工艺上改善电路系统外，尽量使内外光路信号强度大致相当。一般内光路光强调好后是不大改变的，因而必须对外光路接收信号作适当的调整，为此在机内设置了自动增益控制电路，还专门设置了手动减光板等设备，供作业时随时调节接收信号强度，使内外光路接收信号接近。通过这种措施，幅相误差可望小于 ±5mm。

3. 照准误差

当发射光束的不同部位照射反射镜时，测量结果将有所不同，这种测量结果不一致而存在的偏差称为照准误差。产生照准误差的原因是发射光束空间相位的不均匀性、相位漂移以及大气的光束漂移。据研究，当精尺长为 2.5m 时，由此引起的照准误差为 ±(2~3) cm。照准误差是影响测相精度的一项主要误差来源，为了尽可能地消除这种误差影响，观测前，要精确进行光电瞄准，使反射器处于光斑中央。多次精心照准和读数，取平均后的照准误差可望小于 ±5mm。大气光束漂移的影响可选择有利观测时间和多次观测的办法加以削弱。

4. 信噪比引起的误差

测相误差还与信噪比有关。由于大气抖动和仪器内部光电转换过程中可能产生的噪音（包括光噪音、电噪音和热噪音）使测相产生误差。这种误差是随机变化的，它的影响随信号强度的增强而减小（即随信噪比的增大而减小）。所以，为了削弱信噪比的影响，必须增大信号强度，并采用增加检相次数取平均值的办法。一般仪器一次自动测相的结果也是几百乃至几千次以上的检相平均值。总的测相误差 m_Φ 为以上几项误差的综合。

5. 周期误差

所谓周期误差，是指以一定距离为周期而重复出现的误差。它是因机内同频串扰信号的干扰而产生的。这种干扰主要由机内电信号的串扰而产生。周期误差可采取测定其振幅和初相而在观测值中加以改正来消除其影响。

【项目小结】

本项目主要介绍了电磁波测距原理，全站仪的原理及使用方法，精密测距的外业实施及内业计算方法，测距误差的主要来源等知识点。通过本项目的学习，使学生掌握全站仪精密测距及内业处理的原理与方法。

【课后习题】

1. 电磁波测距仪有哪些分类方法？各是如何分类的？
2. 为什么电磁波测距仪一般都采用两个以上的测尺频率？利用单一频率能否进行距离测量？为什么？
3. 相位式测距仪测距的基本原理是什么？试简述其中的 N 值确定方法。
4. 测距误差共有哪些？哪些属于比例误差？哪些属于固定误差？
5. 测距仪显示的斜距平均值中要加入哪些改正才能化为椭球面上的距离？
6. 用光电测距仪进行距离测量时，在测站上应对测得的倾斜距离加入哪些改正？

项目 5　全站仪导线测量

【项目简介】
　　本项目主要介绍了全站仪导线测量外业观测、导线测量的概算、导线测量的验算、导线测量的平差计算等知识点，并介绍全站仪的基本结构与操作方法。

【教学目标】
　　通过本项目的学习，学生能掌握导线测量的外业施测过程与内业处理的方法，并能够熟练应用全站仪完成导线测量外业测量工作。

任务 5.1　全站仪结构与操作

　　全站仪即全站型电子速测仪，是一种集光、机、电为一体的高技术测量仪器，是集水平角、垂直角、距离、高差测量功能于一体的测绘仪器系统。因其一次安置仪器就可完成该测站上的全部测量工作，所以称为全站仪。本任务分别以拓普康(TOPCON)GPT-3000N系列全站仪和南方科力达 KTS-482RLC 全站仪为例，介绍全站仪的基本结构与操作。

一、全站型概述

　　随着光电测距和电子计算机技术的发展，20 世纪 70 年代以来，测绘界越来越多地使用一种新型的测量仪器——全站型电子速测仪，简称全站仪，它是一种可以同时进行角度(水平角和垂直角)测量和距离(斜距、平距、高差)测量，由机械、光学、电子组件组合而成的测量仪器。由于在同一测站上能够同时完成角度测量、距离测量和高差测量等工作，故被称为全站仪。开始时，是将电子经纬仪与光电测距仪装置在一起，并可以拆卸，分离成电子经纬仪和测距仪两部分，称为积木式全站仪。后来将光电测距仪的光波发射接收装置系统的光轴和经纬仪的视准轴组合为同轴，成为整体式全站仪，并且配置了电子计算机的中央处理单元、储存单元和输入输出设备，能根据外业观测数据(角度、距离等)，实时计算并显示出所需要的测量成果：点与点之间的方位角、平距、高差或点的三维坐标等。通过输入输出设备，可以与计算机交互通信，使测量数据直接进入计算机，进行计算、编辑和绘图。测量作业所需要的已知数据也可以从计算机输入全站仪。这样，不仅使测量的外业工作高效化，而且可以实现整个测量作业的高度自动化。

(一)全站仪的结构

1. 电子测角系统

　　全站仪的电子测角系统也采用度盘测角，但不是在度盘上进行角度单位的刻线，而是从度盘上取得电信号，再转换成数字，并可将结果储存在微处理器内，根据需要进行显示和换算以实现记录的自动化。全站仪的电子测角系统相当于电子经纬仪，可以测定水平角、竖直角和设置方位角。这种电子经纬仪按取得电信号的方式不同可分为编码度盘测角和光栅度盘测角两种。

2. 光电测距系统

光电测距系统相当于光电测距仪，它是近代光学、电子学等发展的产物，目前主要以激光、红外光和微波为载波进行测距，因为光波和微波均属于电磁波的范畴，故它们又统称为电磁波测距仪。主要测量测站点到目标点的斜距，可归算为平距和高差。由于光电测距具有高精度、自动化、数字化和小型轻便化等特点，所以在工程控制网和各种工程测量中得到了广泛的应用，使得传统的三角网改变为导线网，大大地减轻了测量工作者的劳动强度，加快了工作速度。

3. 微型计算机系统

主要包括中央处理器、储存器和输入输出设备。微型计算机系统使得全站仪能够获得多种测量成果，同时还能够使测量数据与外界计算机进行数据交换、计算、编辑和绘图。中央处理器的主要功能是根据输入指令，进行测量数据的运算；储存器由随机储存器和只读存储器等构成，其主要功能是存储数据；输入输出设备：包括键盘、显示屏和数据交换接口。键盘主要用于输入操作指令、数据和设置参数，显示屏主要显示仪器当前的工作方式、状态、观测数据和运算结果；接口使全站仪能与磁卡、磁盘、微机交互通信、传输数据。测量时，微型计算机系统根据键盘或程序的指令控制各分系统的测量工作，进行必要的逻辑和数值运算以及数字存储、处理、管理、传输、显示等。

4. 其他辅助设备

全站仪的辅助设备主要有整平装置、对中装置、电源等。整平装置除传统的圆水准器和管水准器外，还增加了自动倾斜补偿设备；对中装置有垂球、光学对中器和激光对中器；电源为各部分供电。

(二) 全站仪的精度等级

全站仪的主要精度指标是测距精度和测角精度，测距精度分为固定误差和比例误差。如科力达 KTS-452L 全站仪的标称精度为：测角精度 = $\pm 2''$，测距精度 = $\pm(2+2\text{ppm} \cdot D)$ mm，《国家计量检定规程》(JJG100—2003) 将全站仪准确度等级分划为四个等级，见表 5-1。

表 5-1　　　　　　　　　　　全站仪准确度等级分划表

准确度等级	测角标准差 m_β	测距标准差 m_α
I	$\lvert m_\beta \rvert \leq 1''$	$m_\alpha \leq (1+D)$ mm
II	$1'' < \lvert m_\beta \rvert \leq 2''$	$(1+D)$ mm $< m_\alpha \leq (3+2D)$ mm
III	$2'' < \lvert m_\beta \rvert \leq 6''$	$(3+2D)$ mm $< m_\alpha \leq (5+5D)$ mm
IV	$6'' < \lvert m_\beta \rvert \leq 10''$	$m_\alpha \leq (5+2D)$ mm

注：D 为测量距离，单位为 km。

(三)全站仪的测量原理

1. 全站仪的测角原理

全站仪测角的核心部件是光电度盘,光电度盘一般分为两大类:一类是由一组排列在圆形玻璃上,在具有相邻的透明区域或不透明区域的同心圆上刻得编码所形成的编码度盘上进行测角;另一类是在度盘表面上一个圆环内刻有许多均匀分布的透明和不透明等宽度间隔的辐射状栅线的光栅度盘上进行测角。也有将上述二者结合起来,采用"编码与光栅相结合"的度盘进行测角。

1)编码度盘测角原理

在玻璃圆盘上刻划几个同心圆带,每一个环带表示一位二进制编码,称为码道(如图5-1所示)。如果再将全圆划成若干扇形区,则每个扇形区有几个梯形,如果每个梯形分别以"亮"和"黑"表示"0"和"1"的信号,则该扇形可用几个二进制数表示其角值。

2)光栅度盘测角原理

均匀地刻有许多一定间隔细线的直尺或圆盘称为光栅尺或光栅盘。刻在直尺上用于直线测量的为直线光栅,刻在圆盘上等角距的光栅称为径向光栅(如图5-2所示)。设光栅的栅线(不透光区)宽度为 a,缝隙宽度为 b,栅距 $d=a+b$,通常 $a=b$,它们都对应一角度值。在光栅度盘的上下对应位置上装上光源、计数器等,使其随照准部相对于光栅度盘转动,可由计数器累计所转动的栅距数,从而求得所转动的角度值。

图 5-1　编码度盘　　　　图 5-2　光栅度盘

2. 全站仪的测距原理

电磁波测距是通过测定电磁波束在待测距离上往返传播的时间 t_{2S} 来计算待测距离 S 的,电磁波测距的基本公式为:

$$S = \frac{1}{2}ct_{2s}$$

式中:c——电磁波在大气中的传播速度,约 $3.0 \times 10^5 \text{km/s}$;

　　　S——测距仪中心到棱镜中心的倾斜距离。

电磁波测距的基本原理,在任务4.1中已详细介绍。

3. 全站仪的补偿器原理

全站仪在架设、精确整平以后,由于受作业条件、地面疏松、各种气象等条件的影响,会使仪器整平失常,也就是仪器的竖轴偏离垂直,存在一定的倾斜,这种竖轴不垂直的误差称为竖轴误差。在测量作业时,竖轴误差经常存在。竖轴倾斜会造成垂直角、水平角的误差,而这些误差通过观测的方法是不能消除的。目前,全站仪大多采用电子式自动倾斜补偿机构,使仪器在倾斜时自动改正因倾斜而引发的角度误差。

1)单轴倾斜补偿器

单轴倾斜补偿器的功能是:仪器竖轴倾斜时自动改正由于竖轴倾斜对竖盘读数的影响。为达到同时补偿水平度盘读数,可以用两个单轴补偿器,安装时使它们的位置相互垂直。

单轴倾斜补偿器如图5-3所示,将线圈绕在封有磁性流体和气泡的水泡管的中央,并接通电源。传感器在水平状态下,气泡距中央、左右两端应相等,检测线圈的电压(即电势)也相等。当向左或向右倾斜时气泡就移动,左右检测线圈产生电势差,根据电势差求得倾斜方向和倾斜角度。

2)双轴倾斜补偿器

双轴倾斜补偿器的功能是:仪器竖轴倾斜时能自动改正由于竖轴倾斜对竖直度盘和水平度盘读数的影响,采用一个补偿器即可以满足对竖盘以及水平盘读数的补偿改正。

双轴倾斜补偿器如图5-4所示,从发光二极管发出的光透过透镜,射在气泡上的光被遮掉,在接收基板上装有数只距离相等的接收光敏二极管。当仪器完全整平时,气泡在接收基板的中央;若仪器稍微有一点倾斜,气泡就相应移动,接收光敏二极管所接收的光能量也就发生变化,通过光能量变化比可以求得倾斜角度。

图5-3 单轴倾斜补偿器　　　　图5-4 双轴倾斜补偿器

二、拓普康GPT-3000N系列全站仪

(一)基本技术参数说明

1. 技术规格

1)距离测量

距离测量的测程与精度见表5-2。

表 5-2　测程与精度

无棱镜模式		棱镜模式	
目标	天气状况 低强度阳光、没有热闪烁	目标	天气状况 薄雾、能见度约20km、中等阳光、稍有闪烁
白色表面	1.5m 到 250m	1 块棱镜	3000m
测量精度 1.5~25m	±(10mm) m.s.e	测量精度	±(3mm+2ppm·D) m.s.e （D：距离）
测量精度 25m 到更远	±(5mm) m.s.e		

2）角度测量

精度（标准差）：

GPT-3002N：2″；

GPT-3005N：5″；

GPT-3007N：7″；

测量时间：小于 0.3 秒。

2. 各部件名称

GPT-3000N 系列全站仪各部件名称如图 5-5 所示。

图 5-5　GPT-3000N 系列全站仪各部件名称

3. 键盘介绍

键盘各按键的功能如表 5-3、表 5-4 所示。

表 5-3　　　　　　　　　　　　　　　键盘功能介绍

键	名称	功　　能
★	星键	星键模式用于如下项目的设置或显示： (1)显示屏幕对比度；(2)十字丝照明；(3)背景光；(4)倾斜改正；(5)定线点指示器；(6)设置音响效果
∠	坐标测量键	坐标测量模式
◢	距离测量键	距离测量模式
ANG	角度测量键	角度测量模式
POWER	电源键	电源开关
MENU	菜单键	在菜单模式和正常测量模式之间切换，在菜单模式下可设置应用测量与照明调节，仪器系统误差纠正
ESC	退出键	返回测量模式或上一层模式 从正常测量模式直接进入数据采集模式或放样模式 也可用作正常测量模式下的记录键 设置退出键功能需要按住[F2]键开机在模式设置中更改
ENT	确认键	在输入值之后按此键
F1~F4	软键(功能键)	对应于显示的软键功能信息

表 5-4　　　　　　　　　　　　　　　键功能介绍

键	显示符号	功　　能
F1	照明	显示屏背景光开/关
F2	NP/P	无棱镜/棱镜模式切换
F3	激光	激光指示器打开/闪烁/关闭
F4	对中	激光对中器开/关(仅适用于有激光对中器的类型)
再按一次(★)键		
F1	—	—
F2	倾斜	设置倾斜改正，若设置为开，则显示倾斜改正值
F3	定线	定线点指示器开/关
F4	S/A	显示 EDM 回光信号强度(信号)、大气改正值(PPM)
▲▼	黑白	调节显示屏对比度(0~9级)
◀▶	亮度	调节十字丝照明亮度(1~9级) 十字丝照明开关和显示屏背景光开关是联通的

(二)角度测量

水平角(右角)和垂直角测量在角度测量模式下进行，角度测量键盘功能和角度测量操作见表 5-5 和表 5-6。

表 5-5　　　　　　　　　　　　　角度测量键盘功能介绍

屏幕显示页数	软键	显示符号	功　能
1	F1	置零	水平角置为 0°00′00″
	F2	锁定	水平角读数锁定
	F3	置盘	通过键盘输入数字设置水平角
	F4	P1↓	显示第 2 页软键功能
2	F1	倾斜	设置倾斜改正开或关,若选开,即显示倾斜改正值
	F2	复测	角度重复测量模式
	F3	V%	垂直角百分比坡度(%)显示
	F4	P2↓	显示第 3 页软键功能
3	F1	H-蜂鸣	仪器每转动水平角 90°是否要发出蜂鸣声的设置
	F2	R/L	水平角右/左计数方向的转换
	F3	竖盘	垂直角显示格式(高度角/天顶距)的切换
	F4	P3↓	显示下一页(第 1 页)软键功能

表 5-6　　　　　　　　　　　　　　角度测量操作

操作过程	操　作	显　示
1. 照准第一个目标 A	照准目标 A	V：90°10′20″ HR：122°09′30″ 置零　锁定　置盘　P1↓
2. 设置目标 A 的水平角为 0°00′00″,按［F1］(置零)键和［F3］(是)键	［F1］	水平角置零 >OK? ＿＿　＿＿　［是］　［否］
	［F3］	V：90°10′20″ HR：0°00′00″ 置零　锁定　置盘　P1↓
3. 照准第二个目标 B,显示目标 B 的 V/H	照准目标 B	V：98°36′20″ HR：160°40′20″ 置零　锁定　置盘　P1↓

(三)距离测量

1. 按键功能

距离测量模式下各按键功能见表 5-7。

表 5-7　　　　　　　　　　　距离测量模式下按键功能介绍

屏幕显示页数	软键	显示符号	功　　能
1	F1	测量	启动测量
	F2	模式	设置测距模式精测/粗测/跟踪
	F3	NP/P	无/有棱镜模式切换
	F4	P1↓	显示第 2 页软键功能
2	F1	偏心	偏心测量模式
	F2	放样	放样测量模式
	F3	S/A	设置音响模式
	F4	P2↓	显示第 3 页软键功能
3	F2	m/f/i	米、英尺或者英尺、英寸单位的变换
	F4	P3↓	显示第 1 页软键功能

2. 大气改正的设置

本仪器标准状态为：温度 15℃，气压 1013.25hPa，此时大气改正为 0ppm，可以通过直接设置温度和气压值的方法进行设置。

在距离测量模式第二页，按[F3](S/A)键，选择(T-P)，按[F1](输入)键，输入温度和大气压。

3. 棱镜常数的设置

拓普康的棱镜常数为 0，设置棱镜改正为 0。在无棱镜模式下测量时，请确认无棱镜常数改正设置为 0。在无棱镜测量时小于 1m 或大于 400m 的距离将不会显示。

在距离测量模式第二页，按[F3](S/A)键，选择[F1](棱镜)键，按上下键选择有无棱镜常数，按[F1](输入)键，输入棱镜常数。

4. 距离测量

确认处于测角模式。按距离测量键(▲)，即可进行距离测量，屏幕上显示 HR、HD、V，再按一次距离测量键，屏幕上则显示 HR、V、SD。

提示 1：当光电测距(EDM)在工作时，"＊"标志会出现在显示窗中。

提示 2：要从距离测量模式返回到正常的角度测量模式，可按[ANG]键。

5. 精测模式/跟踪模式/粗测模式

在距离测量模式下，选择[F2](模式)键，进行精测、跟踪、粗测模式的选择。

精测模式(F)为正常模式；跟踪模式(T)观测时间比精测模式短，在跟踪移动目标或放样时用；粗测模式(C)观测时间比精测模式短。

6. N 次距离测量

在测量模式下可设置 N 次测量模式或者连续测量模式。同时按[F2]+[POWER]开机进入选择模式下的模式设置状态第二页，选择[F2](N次/重复)键进行 N 次设置重复测量。通过[F3](测量次数)键设置测量次数。

按下距离测量键开始连续测量，当连续测量不需要时，按[F1]测量键，屏幕上显示平均值。

(四)参数设置模式

同时按 F2 和 POWER 键开机,可进入参数设置模式,工作参数设置见表 5-8。

表 5-8　　　　　　　　　　　　参 数 设 置

菜单	项目	选择项	内　　容
1.单位设置	温度和气压	C/F hPa/mmHg/inHg	选择大气改正用的温度和气压单位
	角度	DEG(360°)/GON(400G)/MIL(640M)	选择测角单位,deg/gon/mil(度/哥恩/密位)
	距离	METER/FEET/FEET 和 inch	选择测距单位,m/ft/ft.in(米/英尺/英尺.英寸)
	英尺	美国英尺/国际英尺	选择 m/ft 转换系数 美国英尺 L_m = 3.2808333333333ft 国际英尺 L_m = 3.280839895013123ft
2.模式设置	开机模式	测角/测距	选择开机后进入测角模式或测距模式
	精测/粗测/跟踪	精测/粗测/跟踪	选择开机后的测距模式,精测/粗测/跟踪
	平距/斜距	平距和高差/斜距	开机后优先显示的数据项,平距和高差或斜距
	竖角 ZO/HO	天顶 0/水平 0	选择竖直角读数从天顶方向为零基准或水平方向为零基准
	N-次重复	N 次/重复	选择开机后测距模式,N 次/重复测量
	测量次数	0—99	设置测距次数,若设置 1 次,即为单次测量
	NEZ/ENZ	NEZ/ENZ	选择坐标显示顺序,NEZ/ENZ
	HA 存储	开/关	设置水平角在仪器关机后可被保存在仪器中
	ESC 键模式	数据采集/放样/记录/关	可选择[ESC]键的功能: 数据采集/放样:在正常测量模式下按[ESC]键,可以直接进入数据采集模式下的数据输入状态或放样菜单; 记录:在进行正常或偏心测量时,可以输出观测数据; 关:回到正常功能
	坐标检查	开/关	选择在设置放样点时是否要显示坐标(开/关)
	EDM 关闭时间	0—99	设置电测测距(EDM)完成后到测距功能中断的时间。可以选择此功能,它有助于缩短从完成测距状态到启动测距的第一测量时间(缺省值为 3 分钟): 0:完成测距后立即中断测距模式; 1—98:在 1—98 分钟后中断; 99:测距功能一直有效
	精读数	0.2/1mm	设置测距模式(精测模式)最小读数单位 1mm 或 0.2mm
	偏心竖角	自由/锁定	在角度偏心测量模式中选择垂直角设置方式。 FREE:垂直角随望远镜上、下转动而变化; HOLDA:垂直角锁定,不因望远镜转动而变化
	无棱镜/棱镜	无棱镜/棱镜	选择开机时距离测量的模式
	激光对中器关闭时间(仅适用于激光对中类型)	1—99	激光对中功能可自动关闭。 1—98:在激光对中器工作 1—98 分钟后自动关闭; 99:人工控制关闭

续表

菜单	项目	选择项	内容
3.其他设置	水平角蜂鸣	开/关	说明每当水平角为 90°时是否发出蜂鸣声
	信号蜂鸣声	开/关	说明在设置音响模式下是否发出蜂鸣声
	两差改正	关/$K=0.14$/$K=0.20$	设置大气折光和地球曲率改正,折光系数有:$K=0.14$ 和 $K=0.20$ 或不进行两差改正
	坐标记忆	开/关	选择关机后测站点坐标、仪器高和棱镜高是否可以恢复
	记录类型	REC-A/REC-B	数据输出的两种模式:REC-A 或 REC-B。 REC-A:重新进行测量并输出新的数据; REC-B:输出正在显示的数据
	ACK 模式	标准方式/省略方式	设置与外部设备进行通信的过程。 STANDARD:正常通信; OMITED:即使外部设备略去[ACK]联络信息,数据也不再被发送
	格网因子	使用/不使用	确定在测量数据计算中是否使用坐标格网因子
	挖与填	标准方式/挖和填	在放样模式下,可显示挖和填的高度,而不显示 dZ
	回显	开/关	可输出回显数据
	对比度	开/关	在仪器开机时,可显示用于调节对比度的屏幕并确认棱镜常数(PSM)和大气改正值(PRM)

三、科力达 KTS-482RLC 全站仪

以科力达 KTS-482RLC 全站仪为例介绍全站仪的基本功能。科力达 KTS-482RLC 全站仪是近年来全国职业院校工程测量赛项数字化测图、一级导线测量指定使用仪器,其具有全彩电子显示器,操作更直观简便,带 SD 卡,激光对中,激光指向,防水防尘等级达到 IP55 等级。

(一)基本部件

仪器的外观如图 5-6 所示。

(二)键盘

仪器的键盘如图 5-7 所示。
科力达 KTS-482RLC 全站仪操作键功能如表 5-9 所示。

图 5-6 南方科力达 KTS-482RLC 全站仪各部件名称

图 5-7 南方科力达 KTS-482RLC 全站仪键盘

表 5-9 南方科力达 KTS-482RLC 全站仪键盘按键功能

按键	名称	功　能
⏻	电源键	控制电源的开/关
0~9	数字键	输入数字，用于欲置数值
A~/	字母键	输入字母
■	输入面板键	显示输入面板
★	星键	用于仪器若干常用功能的操作
α	字母切换键	切换到字母输入模式
B.S	后退键	输入数字或字母时，光标向左删除一位
ESC	退出键	退回到前一个显示屏或前一个模式

续表

按键	名称	功能
ENT	回车键	数据输入结束并认可时按此键
◆	光标	上下左右移动光标

科力达 KTS-482RLC 全站仪显示的符号及其含义如表 5-10 所示。

表 5-10　　　　　　　　　　　显示符号及其含义

符号	含义
PC	棱镜常数
PPM	气象改正数
ZA	天顶距（天顶 0°）
VA	垂直角（水平 0°/水平 0°±90°）
%	坡度
S	斜距
H	平距
V	高差
HAR	右角
HAL	左角
⊥	倾斜补偿有效

(三) 基本测量

在 Win 全站型电子速测仪功能主菜单界面单击图标"🔍"，进入基本测量功能，如图 5-8 所示。

图 5-8　南方科力达 KTS-482RLC 全站仪基本测量功能

1. 角度测量

1) 水平角(右角)和垂直角测量

安置仪器并对中整平后,首先确认仪器处于角度测量模式,如表 5-11 所示,按以下程序进行水平角 HR(右角)和竖直角 V 的测量。

表 5-11　　　　　　　　　　　　水平角(右角)和垂直角测量

操作过程	操作	显　　示
1. 照准第一个目标 A	照准目标 A	测量 SHV S H V VA　273°18′15″ HAR　150°18′15″　P1 测距　切换　置零　置角
2. 设置目标 A 的水平角为 0°00′00″	[F3]	测量 水平角是否置零? 是　否
		测量 SHV S　　　1.560m H　　　1.240m V　　　0.062m VA　　92°36′25″ HAR　　0°00′00″　P1 测距　切换　置零　置角
3. 照准第二个目标 B,显示目标 B 的 V/H	照准目标 B	测量 SHV S　　　1.560m H　　　1.240m V　　　0.062m VA　　92°36′25″ HAR　60°00′21″　P1 测距　切换　置零　置角

2) 水平角(左角/右角)的切换

水平角(左角/右角)的切换操作如表 5-12 所示。

表 5-12　　　　　　　　　　　　水平角(左角/右角)的切换

操作过程	操　作	显　　示
1. 在测量模式下,使之显示出 左右 功能,此时水平角以右角[HAR]形式显示	按"键功能分配"中介绍的方法将 左右 定义到键上	测量 SHV S　　　1.560m H　　　1.240m V　　　0.062m VA　　92°36′25″ HAR　30°00′00″　P2 左右　复测　锁角　ZA/%

续表

操作过程	操作	显示
2. 按 [左右]，水平角显示由右角 [HAR] 形式转换成左角 [HAL]。二者的关系为：HAL=360°−HAR，若再按 [左右]，又转换成右角形式	右角	测量 SHV S　　1.560m H　　1.240m V　　0.062m VA　92°36′25″ HAL　30°00′00″　P2 [左右] [复测] [锁角] [ZA/%]

3）水平角的设置

水平角的设置如表 5-13 所示。

表 5-13　　　　　　　　　　水平角的设置

操作过程	操作	显示
1. 照准目标后，在测量模式第 1 页菜单下，按置角键，显示窗如右图所示，等待输入已知方向值。其中右角和左角分别用 [HAR] 和 [HAL] 表示	置角	置水平角 HAR　　　0°00′00″ 输入水平角 水平角　　30°00′00″　P1 　　　　　　　　　　　OK
2. 由键盘输入已知方向值后按 OK 键，此时，显示的为输入的已知值	输入已知方向值+OK	测量 SHV S　　1.560m H　　1.240m V　　0.062m VA　92°36′25″ HAR　30°00′00″　P1 [测距] [切换] [置零] [置角]

4）垂直角百分度(%)的设置

垂直角百分度(%)的设置如表 5-14 所示。

表 5-14　　　　　　　　　　垂直角百分度(%)的设置

操作过程	操作	显示
1. 在测量模式下，使之显示出 [ZA/%] 功能	按"键功能分配"中介绍的方法将 [ZA/%] 定义到键上	测量 SHV S　　1.560m H　　1.240m V　　0.062m VA　92°36′25″ HAL　30°00′00″　P2 [左右] [复测] [锁角] [ZA/%]
2. 按 [ZA/%]，利用<>键可以转换水平零，VA%，天顶零，±90°。若欲恢复垂直角显示，再按一次 [ZA/%]，利用< >键转换	ZA/%	测量 SHV S　　1.560m H　　1.240m V　　0.062m VA%　　18.12% HAL　30°00′00″　P2 [左右] [复测] [锁角] [ZA/%]

2. 距离测量

进行距离测量之前设置好以下参数：大气改正；棱镜常数改正；测距模式。

其中大气改正是全站仪所发射的红外光的光速，随着大气温度和压力的改变而改变，本仪器一旦设置了大气改正值，即可自动对测距结果实施大气改正。

改正数公式如下：

$$PPM = 273.8 - \frac{0.2900 \times 气压值(hPa)}{1 + 0.00366 \times 温度值(℃)}$$

若使用的气压单位是 mmHg 时，按：1hPa = 0.75mmHg 进行换算。不顾及大气改正时，请将 PPM 值设为零。KTS 系列全站仪标准气象条件（即仪器气象改正值为0时的气象条件）：气压 1013hPa；温度 20℃。

（1）距离测量模式的设置具体如表 5-15 所示。

表 5-15 距离测量模式设置

操　作	显　示
在★常用设置菜单下，按 EDM 进入距离测量参数设置屏幕，显示如右图所示。可在 EDM 选项中设置： 1. 温度； 2. 气压； 3. 大气改正数 PPM； 4. 棱镜常数改正值； 5. 测距模式； 6. 反射体类型。 设置完上述参数后按 OK	（显示屏图示）

（2）关于设置的方法与内容如表 5-16 所示。

表 5-16 设置的方法与内容

设置项目	设 置 方 法
温度	方法①输入温度、气压值后，仪器自动计算出大气改正并显示在 PPM 一栏中。
气压	
大气改正数 PPM	方法②直接输入大气改正数 PPM，此时温度、气压值将被清除
棱镜常数	输入所用棱镜的棱镜常数改正数
测距模式	按◀或▶在以下几种模式中选择： 重复精测、N 次精测、单次精测、跟踪测量
反射体类型	设置反射体类型：棱镜/无棱镜/反射片

注：①温度输入范围：$-40°\sim +60°$（步长 1℃）或 $-40 \sim +140℉$（步长 1℉）；

②气压输入范围：$560 \sim 1066$hPa（步长 1hPa）或 $420 \sim 799.5$mmHg（步长 1mmHg）或 $16.5 \sim 31.4$inHg（步长 0.1inHg）；

③大气改正数 PPM 输入范围：$-999 \sim +999$PPM（步长 1PPM）；

④棱镜常数 PC 输入范围：-99mm $\sim +99$mm（步长 1mm）；

⑤反射体类型：KTS460 系列全站仪可设置为红色激光测距和不可见光红外测距，可选用的反射体有免棱镜、棱镜及反射片。用户可根据作业需要自行设置。

（3）距离类型选择和距离测量的具体步骤如表 5-17 所示。

表 5-17　　　　　　　　　　距离类型选择和距离测量步骤

操作过程	操作键	显示
1. 在测量模式第 1 页菜单下按 切换，选择所需距离类型。每按一次 切换，显示屏改变一次距离类型： S：斜距或 N； H：平距或 E； V：高差或 Z	切换	测量 SHV S　　　120.00m H　　　110.00m V　　　50.00m VA　　273°18′15″ HAR　150°18′15″ P1 测距　切换　置零　置角
2. 按 测距 开始距离测量，此时显示有关测距信息	测距	测量 单次精测 S　　　120.00m H　　　110.00m V　　　50.00m VA　　273°18′15″ HAR　150°18′15″ 停止
3. 距离测量完成时仪器发出一声短响，并将测得的距离"S"、垂直角"VA"和水平角"HAR"值显示出来		重复测距时的结果显示： 测量 SHV S　　　120.00m H　　　110.00m V　　　50.00m VA　　273°18′15″ HAR　150°18′15″ P1 测距　切换　置零　置角 测量 重复精测 S　　　120.00m H　　　110.00m V　　　50.00m VA　　273°18′15″ HAR　150°18′15″ 停止 在 N 次精测求取平均值测量时，所得距离值显示为 S-1，S-2，…
4. 进行重复测距时，按 停止键 停止测距和显示测距结果。在 N 次精测模式下，仪器在完成指定测距次数后，显示出距离值的平均值	停止	测量 SHV S　　　120.00m H　　　110.00m V　　　50.00m VA　　273°18′15″ HAR　150°18′15″ P1 测距　切换　置零　置角

任务 5.2　导线测量的外业工作

如同项目 1 所述，平面控制测量的方法有三角测量、GNSS 控制测量、全站仪导线测量，现在的工程项目多数采用 GNSS 控制测量作测区首级控制网，全站仪导线作测区加密控制网的模式，因此，本任务主要介绍基于全站仪精密测角测距进行导线测量的平面控制测量技术。

导线测量外业观测就是借助全站仪或光学经纬仪、电子经纬仪和测距仪等仪器进行导线的角度测量和边长测量。在作业前必须按规范要求对所使用的仪器进行相关项目的检验，经检验合格后才可以用于导线的外业测量工作。

一、导线测量的主要技术要求

2007 年 10 月 25 日颁布了中华人民共和国国家标准《工程测量规范》(GB 50026—2007)，该规范已于 2008 年 5 月 1 日正式实施。在该规范中，"平面控制测量"条款内容的编排有了重大调整，不但把 GPS 测量内容纳入其中，而且采用了依控制测量方法按作业工序编排条款内容的方式，使之更加具有技术性、先进性和可操作性。

各等级导线测量的主要技术要求，应符合表 5-18 的规定。

表 5-18　　　　　　　　　　导线测量的主要技术要求

等级	导线长度(km)	平均边长(km)	测角中误差(″)	测距中误差(mm)	测距相对中误差	测回数			方位角闭合差(″)	导线全长相对闭合差
						1″级仪器	2″级仪器	6″级仪器		
三等	14	3	1.8	20	1/150000	6	10	—	$3.6\sqrt{n}$	≤1/55000
四等	9	1.5	2.5	18	1/80000	4	6	—	$5\sqrt{n}$	≤1/35000
一级	4	0.5	5	15	1/30000	—	2	4	$10\sqrt{n}$	≤1/15000
二级	2.4	0.25	8	15	1/14000	—	1	3	$16\sqrt{n}$	≤1/10000
三级	1.2	0.1	12	15	1/7000	—	1	2	$24\sqrt{n}$	≤1/5000

注：①表中 n 为测站数；
②当测区测图的最大比例尺为 1∶1000 时，一、二、三级导线的平均边长及总长可适当放长，但最大长度不应大于表中规定长度的 2 倍；
③测角的 1″、2″、6″级仪器分别包括全站仪、电子经纬仪和光学经纬仪。

当导线的平均边长较短时，应控制导线边数，但不得超过表 5-18 相应等级导线长度和平均边长算得的边数；当导线长度小于表 5-18 规定长度的 1/3 时，导线全长的绝对闭合差不应大于 13cm。

导线网中，节点与节点、节点与高级点之间的导线长度不应大于表 5-18 中相应等级规定长度的 0.7 倍。

二、导线测量外业工作

导线外业测量的开始，首先应把在技术设计中已经设好的点位和网形落实到实地上，并按规定的规格埋设测量标志,绘制点之记。

(一)实地选点

在地形图上设计好控制网以后,即可到实地去落实点位,并对图上设计进行检查和纠正,这项工作称为实地选点。实地选点的任务是:根据布网方案和测区情况,在实地选定控制点最佳位置。

实地选点时,需要配备下列仪器和工具:小平板、罗盘仪、望远镜、卷尺、花杆和对讲机等。

实地选点之前,必须对整个测区的地形情况有较全面的了解。在山区和丘陵地区,点位一般都设在制高点上,选点工作比较容易。如果图上设计考虑得周密细致,此时只需到点上直接检查通视情况即可,通常不会有太大的变化。但在平原地区,由于地势平坦,往往视线受阻,选点工作比较困难。为了既保证网形结构好,又尽可能避免建造高标,就需要详细地观察和分析地形,登高瞭望,检查通视情况。在此种情况下,所选定的点位就有可能改变。在建筑物密集区,可将点位选取在稳固的永久性建筑物上。

选点的作业步骤如下:

(1)先到已知点上,判明该点与相邻已知点在图上和实地上的相对位置关系,然后检查该点的标石觇标的完好情况。

(2)按已知方向标定小平板的方位,用罗盘仪测出磁北方向,并按设计图检查各方向的通视情况,对不通视的方向,应及时进行调整。

(3)依照设计图到实地上去选定其他点的点位,在每点上同样进行(2)项的工作,并在小平板上画出方向线,用交会法确定预选点的点位。这样逐点推进,直到全部点位在实地上都选定为止。

控制点选定后,须打木桩予以标记。控制点一般以村名、山名、地名作为点名。新旧点重合时,一般采用旧名,不宜随便更改。点位选定以后,应及时写出点的位置说明(点之记)。

选点工作结束后,应提交下述资料:

(1)选点图。选点图的比例尺视测区范围而定。图上应注明点名和点号,并绘出交通干线、主要河流和居民地点等。

(2)控制点位置说明。填写点的位置说明,是为了日后寻找点位方便,同时也便于其他单位使用控制点资料,了解埋设标石情况。

(3)文字说明。内容包括:任务要求,测区概况,已有测量成果及精度情况,设计的技术依据,旧点的利用情况,最长和最短边长、平均边长及最小角的情况,精度估算的结果、对埋石和观测工作的建议等。

(二)埋石

标石是控制点点位的永久标志。无论是野外观测,还是内业计算成果,均以标石的标志中心为准。如果标石被破坏和发生位移,测量成果就会失去作用,使点报废。因此,中心标石的埋设,一定要十分牢固。

1. 平面控制点标志

二、三、四等平面控制标志可采用磁质或金属等材料制作，其规格如图 5-9 和图 5-10 所示；一、二级小三角点，一级及以下导线点、埋石图根点等平面控制点标志可采用 $\phi14\sim\phi20$、长度为 30~40cm 的普通钢筋制作，钢筋顶端应锯"+"字标记，距底端约 5cm 处应呈弯钩状。

图 5-9 磁质标志(单位：mm)　　　　　　图 5-10 金属质标志(单位：mm)

2. 平面控制标石埋设

二、三等平面控制点标石规格及埋设结构图如图 5-11 所示，柱石与盘石间应放 1~2cm 厚粗砂，两层标石中心的最大偏差不应超过 3mm；四等平面控制点可不埋盘石，柱石高度应适当加大；一、二级平面控制点标石规格及埋设结构图，如图 5-12 所示。

图 5-11 二、三等平面控制点标石埋设图(单位：cm)　图 5-12 一、二级平面控制点标石埋设图(单位：cm)

控制点标志埋设结束后,需要绘制点之记。点之记是以图形和文字的形式对点位进行描述。点之记中包括的主要内容:点名、点号、位置描述、点位略图及说明、断面图等。图 5-13 为一点之记实例。

图 5-13 导线点之记

(三) 水平角观测

水平角观测时宜采用方向观测法,当方向数不多于 3 个时,可不归零。各测回间度盘和测微器应配置正确的初始位置。

扫描右侧二维码可查看微课"全站仪导线测量一个测站的观测方法"。

水平角观测过程中,气泡中心位置偏离整置中心不宜超过 1 格。四等以上的水平角观测,当观测方向的垂直角超过±3°时,宜在测回间重新整置气泡位置。

三、四等导线的水平角观测,当测站只有两个方向时,应在观测总测回中以奇数测回的度盘位置观测导线前进方向的左角,以偶数测回的度盘位置观测导线前进方向的右角。左右角的测回数为总测回数的一半。但在观测右角时,应以左角起始方向为准变换度盘位置,也可用起始方向的度盘位置加上左角的概值在前进方向配置度盘。

左角平均值与右角平均值之和与 360°之差,不应大于本规范相应等级导线测角中误差的 2 倍。

水平角观测限差超限时,应在原来的度盘位置上进行重测,并应符合下列规定:

(1)2C 较差超限时,应重测超限方向,并联测零方向;

(2)下半测回归零差超限或零方向的 2C 较差超限,应重测该测回;

(3)若一测回中重测方向数超过总方向数的 1/3 时,应重测该测回。当重测的测回数超过总测回数的 1/3 时,应重测该站。

导线的水平角观测结束后,应按式(5-1)计算导线(网)测角中误差

$$m_\beta = \sqrt{\frac{1}{N}\left(\frac{f_\beta f_\beta}{n}\right)} \tag{5-1}$$

式中:f_β——附合导线或闭合导线环的方位角闭合差(″);
  n——计算 f_β 时的测站数;
  N——附合导线或闭合导线环的个数。

在进行水平角观测时应注意如下事项:

(1)要采取必要措施保证仪器在观测过程中的稳定性。为此,安置仪器时应踩紧脚架,防止下沉和产生偏转。在土壤过于松软的地区观测,要在三脚架的三只脚尖地方打入木桩。在市区要防止柏油路面在夏天受热软化变形带来的不良影响,在测站上必须撑伞,最好要把整个脚架都遮住。在观测过程中,禁止旁人在三脚架附近走动。

(2)防止温度对仪器结构的影响,在观测前半小时左右,仪器从箱中取出,让它和外界空气的温度相一致。在使用仪器过程中,必须轻拿轻放,防止震动和碰撞。

(3)防止旁折光的影响,城市导线测量往往视线靠近热源而引起旁折光。例如:日光照射到的建筑物的墙面、树干、电线杆、土堆,以及通风筒的出口处等,当视线穿过河面或平行于河岸时,河面上空气密度与岸上空气密度不一样,也会引起旁折光。因此,在导线选点时应考虑远离引起旁折光的物体 1m 以外。为减少旁折光的影响,阴天观测比晴天观测要好。

(4)在市区测角时,为克服行人和车辆等通视的障碍,水平角观测可在夜间进行。另外用升高经纬仪及觇牌的脚架,观测人员站在方凳上观测,使视线高于行人的高度,也是实践证明行之有效的方法。

(四)边长测量

导线边的测量宜采用中、短程红外测距仪。中、短程的划分:短程为 3km 以下,中程为 3~15km。电磁波测距仪按标称精度分级,当测距长度为 1km 时,仪器精度分别为:

Ⅰ级:$|mD| \leqslant 5mm$;

Ⅱ级:$5mm < |mD| \leqslant 10mm$;

Ⅲ级:$10mm < |mD| \leqslant 20mm$。

《工程测量规范》对电磁波测距仪测距精度的等级分为 5mm 级和 10mm 级两种。

电磁波测距仪及辅助工具的检校,应符合如下规定:

(1)对于新购置或经大修后的测距仪,应进行全面检校;

(2)测距使用的气象仪表,应送气象部门按有关规定检测;

(3)当在高海拔地区使用空盒气压计时,宜送当地气象台(站)校准。

测距作业应符合下列要求:

(1)测距时应在成像清晰和气象条件稳定时进行,雨、雪和大风等天气不宜作业,不宜顺光、逆光观测,严禁将测距仪对准太阳。

(2)当反光镜背景方向有反射物时,应在反光镜后遮上黑布作为背景。

(3)测距过程中,当视线被遮挡出现粗差时,应重新启动测量。

(4)当观测数据超限时,应重测整个测回。当观测数据出现分群时,应分析原因,采取相应措施重新观测。

(5)温度计宜采用通风干湿温度计,气压表宜采用高原型空盒气压计。

(6)当测量四等及以上的边长时,应量取两端点测边始末的气象数据,计算时应取平均值。测量温度时应量取空气温度,通风干湿温度计应悬挂在离开地面和人体1.5m以外的地方,其读数取值精确至0.2℃。气压表应置平,指针不能滞阻,其读数取值精确至50Pa。

(7)当测距边用三角高程测定的高差进行倾斜修正时,垂直角的观测和对向观测较差要求,可按五等三角高程测量的有关规定放宽1倍执行。

(8)测距宜选在日出后1h或日落前1h左右的时间内观测。

三、导线测量记录要求

记录员在整个导线测量的工作中具有至关重要的作用,记录员不但要将数据正确地记录下来,还要对测站的各项限差进行检核,并完成相关的计算。

记录员在记录数据时应遵循如下规则:

(1)对于观测员报出的读数,应先复述再记录;

(2)每一测站应于现场记录所有的记录项目,包括文字项目和数据,不可缺项;

(3)迁站前应检查记录数据的完整性,并经检核无超限时方可迁站;

(4)记录字体的高度应稍大于记录表格的一半;

(5)对于原始记录数据,不可擦、涂、挖、贴,不可转抄、字改字;

(6)不论什么原因,数据的末位不能更改;如其他数位(非末位)出现错误,可以划改,并加备注;

(7)不许连环更改数据。所谓连环更改,就是同时更改了一个测站(或测回)两个相关的数据,或是同时更改了某观测数据和用此观测数据通过计算而得到的计算数据。

事实上,所有的控制测量外业数据记录,都应遵守以上记录规则。

任务5.3 导线测量的内业计算

导线测量的内业计算部分主要包括概算、验算与平差等部分内容。概算就是将方向观测值和距离观测值归算至高斯平面;而验算就是依控制网的几何条件检核观测质量;平差则是计算出各控制点的最或然坐标并进行精度评定。

一、导线测量的概算

导线测量的外业是在地球表面上进行的,所获得的观测值是方向观测值和边长观测值,而平差计算要在平面上进行,这一平面可能是测区某一高度的平均面,可能是基于工程坐标系或城市坐标系的平面,也可能是基于国家坐标系的高斯平面。总之,在平差前必须将地面上的观测值归算至某一特定平面,这一步工作称为概算。

扫描右侧二维码可查看微课"全站仪导线外业测量及平差计算",下面以归算至高斯平面为例说明概算过程。

(一)近似边长和近似坐标的计算

计算归心改正数(如果存在偏心观测)、近似坐标及推算三角高程,都要用到近似边长。如果控制网的边长不是直接观测值,首先应计算出控制网的近似边长。

1. 近似边长的计算

对于三角网,须从已知边(或观测边)开始,按正弦公式计算边长,如图 5-14 所示,b 为已知边,则 a、c 的计算公式如下:

$$a = \frac{b}{\sin B}\sin A$$
$$c = \frac{b}{\sin B}\sin C \tag{5-2}$$

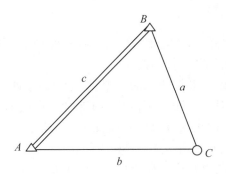

图 5-14 三角形近似边长的计算

对于测边网,则首先要有观测角度近似值,以便推算方向近似值,角度 A 的计算按余弦公式计算,公式如下:

$$A = \arccos\frac{b^2 + c^2 - a^2}{2bc} \tag{5-3}$$

对于边角网(含导线网),由于观测元素是所有的边长和角度,所以无须进行近似边长的计算。

2. 近似坐标的计算

为了计算近似子午线收敛角(为求近似大地方位角用)及方向改化和距离改化,须计算各控制点的近似坐标。坐标的计算有两种公式:

(1)变形戎格公式:

$$x_3 = \frac{x_1\cot 2 + x_2\cot 1 - y_1 + y_2}{\cot 1 + \cot 2}$$
$$y_3 = \frac{y_1\cot 2 + y_2\cot 1 + x_1 - y_2}{\cot 1 + \cot 2} \tag{5-4}$$

三角形编号如图 5-15 所示，1、2 为已知点，3 为待求点。

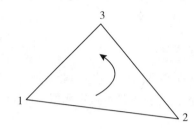

图 5-15 应用变形戎格公式的角度编号

（2）坐标增量公式：

$$x_2 = x_1 + \Delta x_{12} = x_1 + D'_{12}\cos T'_{12}$$
$$y_2 = y_1 + \Delta y_{12} = x_1 + D'_{12}\sin T'_{12} \tag{5-5}$$

式中，D'_{12} 为近似平面边长；T'_{12} 为近似坐标方位角。

（二）方向观测值的归算

导线测量中的方向观测值通常需要归算至高斯平面，这要分两步进行。

（1）将地面上的方向观测值归算至椭球面。

将地面上的方向观测值归算至椭球面，需要加入"三差改正"，即垂线偏差改正、标高差改正和截面差改正。对于三等及以下等级的工程测量平面控制网，由于边长较短、精度较低，一般无须加"三差改正"，即直接把地面观测方向值看作椭球面上的观测方向值。

（2）将椭球面上的方向观测值归算至高斯平面。

将椭球面上的方向观测值归算至高斯平面，需要加入"方向改正"，方向改正的计算公式见式(5-6)。

$$\delta''_{12} = \frac{\rho''}{2R_m^2}(x_1 - x_2)y_m$$
$$\delta''_{21} = \frac{\rho''}{2R_m^2}(x_2 - x_1)y_m \tag{5-6}$$

式中，x、y 均为近似值，且 $y_m = \frac{y_1 + y_2}{2}$，$R_m$ 为 1、2 两点中心处在参考椭球面上的平均曲率半径(m)。

（三）边长观测值的改化

边长观测值的改化主要参见任务 8.2。

二、导线测量的验算

控制网观测数据质量的好坏，直接影响控制网的精度。因此，外业观测数据必须经过严格检核，使其合乎相应规范的要求，这项工作也称为验算。下面所述的依控制网几何条件检验控制网观测质量,它不仅可以检验作业本身的误差,还可以检验网内某些粗差和系统误差的影响,因而能全面地表示观测质量。

控制网的类型不同,需要检核的项目也不同。以导线网为例,需要进行如下项目的检核。

(一)计算导线方位角条件和环形条件闭合差

为了检核角度的观测质量,如导线产生方位符合条件就要计算方位角条件闭合差。如观测角度公式如下:

$$f_\beta = T_0 - T_0 + [\beta_i]_1^n + n \cdot 180° \tag{5-7}$$

按上式计算得 f_β 值,对于三等、四等和一级导线,分别不能超过 $\pm 3\sqrt{n}''$、$\pm 5\sqrt{n}''$ 和 $\pm 10\sqrt{n}''$。

当导线构成闭合环时,环形闭合差可按下式计算:

$$w_{环} = [\beta_i]_1^{n'} - (n' - 2) \cdot 180° \tag{5-8}$$

式中,n' 为闭合环内角个数。环形闭合差的限值为

$$\Delta_{环} \leqslant 2\sqrt{n'} m_\beta \tag{5-9}$$

(二)计算导线测角中误差

三、四等导线,应按左、右角进行测量,此时导线的测角中误差按下式计算:

$$m_\beta = \pm \sqrt{\frac{[\Delta]}{2n}} \tag{5-10}$$

式中:Δ——测站圆周角闭合差(″);

n——Δ 的个数。

当导线网内有多个方位符合条件时,可按方位角条件闭合差计算测角中误差:

$$m_\beta = \sqrt{\frac{1}{N}\left[\frac{f_\beta f_\beta}{n}\right]} \tag{5-11}$$

式中:f_β——附合导线或闭合导线环的方位角闭合差(″);

n——计算 f_β 时的测站数;

N——f_β 的个数。

测角中误差不应超过相应等级测角中误差的标称值。

(三)测距边单位权中误差

$$\mu = \sqrt{\frac{[Pdd]}{2n}} \tag{5-12}$$

式中:μ——单位权中误差;

d——各边往、返距离的较差(mm);

n——测距边数;

P——各边距离的先验权,其值为 σ_D^2,σ_D 为测距的先验中误差,可按测距仪器的标称精度计算。

(四) 任一边的实际测距中误差

$$m_{D_i} = \mu \sqrt{\frac{1}{P_i}} \tag{5-13}$$

式中：m_{D_i}——第 i 边的实际测距中误差(mm)；

P_i——第 i 边距离测量的先验权。

(五) 平均测距中误差

当网中的边长相差不大时，可按下式计算平均测距中误差：

$$m_D = \sqrt{\frac{[dd]}{2n}} \tag{5-14}$$

式中：m_D——平均测距中误差(mm)。

三、导线测量的平差计算

一级及以上等级的导线网计算，应采用严密平差法；二、三级导线网，可根据需要采用严密或简化方法平差。当采用简化方法平差时，应以平差后坐标反算的角度和边长作为成果。

导线网平差时，先验中误差 m_β 及 m_D 应按式(5-10)、(5-11)和式(5-14)计算，也可用数理统计等方法求得的经验公式估算先验中误差的值，并用以计算角度及边长的权。

平差计算时，对计算略图和计算机输入数据应进行仔细校对，对计算结果应进行检查。打印输出的平差成果，应列有起算数据、观测数据以及必要的中间数据。

平差后的精度评定，应包含单位权中误差、相对误差椭圆参数、边长相对中误差或点位中误差等。当采用简化平差时，平差后的精度评定可作相应简化。

内业计算中数字取值精度的要求，应符合表 5-19 的规定。

表 5-19　　　　　　　　内业计算中数字取值精度的要求

等　级	观测方向值及各项修正数(″)	边长观测值及各项修正数(m)	边长与坐标(m)	方位角(″)
二等	0.01	0.0001	0.001	0.01
三、四等	0.1	0.001	0.001	0.1
一级及以下	1	0.001	0.001	1

注：导线测量内业计算中数字取值精度，不受二等取值精度的限制。

目前，市面上可以用于平面控制网平差计算的软件非常丰富，有业余软件，也有专业软件，有收费软件，也有免费软件。目前业界较常用的软件有 PA2005、NASEW2003、COSA 等。在任务 9.2 中将介绍应用 PA2005 进行导线平差的方法。

【项目小结】

本项目主要介绍了导线测量外业观测，导线测量的概算，导线测量的验算，导线测量的平差计算等知识点。通过本项目的学习，学生能掌握导线测量的外业施测过程与内业处理的方法。

就目前而言，进行平面控制测量的首选方法肯定是采用卫星定位技术，而在众多的卫星定位系统中，GPS定位技术占据着绝对的统治地位。虽然如此，采用常规测绘仪器（这里指测距仪、光学经纬仪、电子经纬仪和全站仪）进行平面控制测量的传统方法仍然具有重要地位。这种传统的平面控制测量方法有时可以用来独立完成某项平面控制测量首级控制任务，有时可以用于GPS平面控制网的加密控制。用常规测绘仪器进行平面控制测量的方法主要有：导线（含单一导线和导线网）和三角形网（含三角网、边角网、测边网）。在这几种方法中，单一导线的应用最为普遍，导线网次之，而三角形网目前已基本退出历史舞台。

【课后习题】

1. 何时采用左、右角观测导线？此时应作何检核？限差是多少？
2. 试叙述野外布测导线的全过程，各个环节都应注意什么？
3. 各等级导线对导线总长度有什么限制？
4. 导线测量的概算步骤有哪些？
5. 导线测量的平差方法，需要评定的指标有哪些？
6. 试述一级导线测量的实施过程。

项目6 精密水准测量

【项目简介】

本项目主要介绍高程基准和高程系统、高程控制网的布设、精密水准测量仪器设备及检验、常规精密高程控制测量(即精密水准测量)作业的基本原理、方法、内容及工作过程,以及精密水准测量的误差来源及影响。

【教学目标】

使学生掌握精密水准测量基本仪器的使用,能完成精密水准测量技术设计、外业实施、内业计算等工作。

任务6.1 高程基准建立与水准网布设

建立高程控制网的常用方法有水准测量、三角高程测量和GPS高程测量,水准测量是最为常用、精度最高的高程控制测量方法,我国统一的国家高程控制网就是采用水准测量的方法;高程控制的目的是获得待测点的高程,而为了描述点的高程,首先必须建立一个统一的高程基准面,所有的高程都以这个面为零起算,也就是以高程基准面作为零高程面。扫描右侧二维码可查看微课"高程基准面及国家水准原点"。

一、高程基准面

大地水准面是假想海洋处于完全静止的平衡状态时的海水面延伸到大陆地面以下所形成的闭合曲面,这个曲面是高程起算的基准面,高程的定义为:地面点铅垂线到大地水准面的距离。事实上,海洋受潮汐、风力的影响,永远不会处于完全静止的平衡状态,总是存在着不断的升降运动,所以大地水准面不能直接作为高程测量的基准面,但是可以在海洋近岸的一点处竖立水位标尺,成年累月地观测海水面的水位升降,根据长期观测的结果可以求出该点处海洋水面的平均位置,人们假定大地水准面就是通过这点处实测的平均海水面。长期观测海水面水位升降的工作称为验潮,进行这项工作的场所称为验潮站。各地的验潮结果表明,不同地点平均海水面之间还存在着差异,因此,对于一个国家来说,只能根据一个验潮站所求得的平均海水面作为全国高程的统一起算面——高程基准面,如图6-1所示。

1956年,我国根据基本验潮站应具备的条件,认为青岛验潮站位置适中,地处我国海岸线的中部,而且青岛验潮站所在港口是有代表性的规律性半日潮港,又避开了江河入海口,外海海面开阔,无密集岛屿和浅滩,海底平坦,水深在10m以上等有利条件,因

图 6-1　验潮与高程

此,在 1957 年确定青岛验潮站为我国基本验潮站,验潮井建在地质结构稳定的花岗石基岩上,以该站 1950 年至 1956 年 7 年间的潮汐资料推求的平均海水面作为我国的高程基准面。以此高程基准面作为我国统一起算面的高程系统名谓"1956 年黄海高程系统"。"1956 年黄海高程系统"高程基准面的确立,对统一全国高程有其重要的历史意义,对国防和经济建设、科学研究等方面都起了重要的作用。但从潮汐变化周期来看,确立"1956 年黄海高程系统"的平均海水面所采用的验潮资料时间较短,还不到潮汐变化的一个周期(一个周期一般为 18.61 年),同时又发现验潮资料中含有粗差,因此有必要重新确定新的国家高程基准面。

新的国家高程基准面是根据青岛验潮站 1952—1979 年 19 年间的验潮资料计算确定的,以这个高程基准面作为全国高程的统一起算面,称为"1985 国家高程基准"。1987 年 5 月,经国务院批准,国家测绘局发布,从 1988 年 1 月 1 日启用"1985 国家高程基准"。今后凡涉及高程基准时,一律由原来的"1956 年黄海高程系"改用"1985 国家高程基准"。由于新布测的国家一等水准网点是以"1985 国家高程基准"起算,因此,今后凡进行各等级水准测量、三角高程测量以及各种工程测量,应尽可能与新布测的国家一等水准网点联测,也即使用国家一等水准测量成果作为传算高程的起算值。如果不便于联测,可在"1956 年黄海高程系"高程值上改正一固定数值,而得到以"1985 国家高程基准"为基准的高程值。我国的水准原点高程,相对于 1956 年黄海高程系是 72.289m,相对于 1985 年高程基准是 72.260m,国家水准原点高程示意图如图 6-2 所示。

1949 年前我国曾在不同时期建立过吴淞口、坎门、青岛和大连等地验潮站,得到了不同的高程基准面系统。由于高程基准面的不统一,使高程比较混乱,因此在使用过去旧有的高程资料时,应弄清楚当时采用的是以什么地点的平均海水面作为高程基准面。

二、水准原点

高程基准面的具体实现用精密水准测量联测到陆地上预先设置好的一个固定点,定出

图 6-2 国家水准原点高程示意图

这个点的高程作为全国水准测量的起算高程,这个固定点称为水准原点,水准原点高程的测定方法是:用精密水准测量方法将它与验潮站的水准标尺进行联测,以高程基准面为零推求水准原点的高程,以此高程作为全国各地推算高程的依据。在"1985 国家高程基准"系统中,我国水准原点的高程为 72.260m。

水准原点用坚固稳定的标石加以标志,此标石用混凝土牢固地浇注在坚固的岩石中,我国的水准原点位于青岛观象山。水准原点网由主点、参考点和附点共 6 个点组成,其中

图 6-3 我国水准原点的形状和规格

主点的形状和规格如图 6-3 所示。在"1985 国家高程基准"中水准原点的高程为 72.260m。这是国家根据 1952—1979 年的青岛验潮观测值，组合了 10 个 19 年的验潮观测值，求得黄海海水的平均高度为零点的起算高程，是国家高程控制的起算点。

三、高程系统

建立统一的国家高程控制网，首先要选择高程系统。选择高程系统，就是确定表示地面点高程的统一基准面，不同的高程基准面对应着不同的高程系统。常用的高程系统主要有正高系统、正常高系统和大地高系统，我们国家采用正常高系统。

常用的高程系统基准面包括大地水准面、椭球面等，如图 6-4 所示。

图 6-4　高程系统基准面

高程系统基准面主要有：

(1) 大地水准面：与平均海水面重合并伸展到大陆内部形成的水准面，它是一个形状不规则的物理曲面。

(2) 似大地水准面：由地面沿垂线向下量取正常高所得的点形成的连续曲面，它不是水准面，只是用以计算的辅助面。

(3) 参考椭球面：形状、大小一定且已经与大地体作了最佳拟合的地球椭球面。

高程系统主要有：

(1) 正高系统。以大地水准面为基准面，地面点的正高是沿该点的垂线至大地水准面的距离。

(2) 正常高系统。以似大地水准面为基准面，地面点的正常高是沿该点垂线至似大地水准面的距离。我国采用正常高系统作为计算高程的统一系统。

(3) 大地高系统。以参考椭球面为基准面，地面点的大地高是该点沿参考椭球面法线至参考椭球面的距离。大地高与正高之差为大地水准面差距，大地高与正常高之差为高程异常。

大地高、正高和正常高的关系如图 6-5 所示。

图6-5 大地高、正高和正常高的关系

四、高程控制测量流程

高程控制测量工作实施的工作流程基本为：接受任务→收集资料并对其进行分析→编写技术设计→图上设计水准路线并构成一定的网形→水准点的实地选定→水准标石的埋设→绘制点之记→仪器检验→水准测量外业观测→概算→平差计算→编制成果表→自检→撰写技术总结→成果验收等。

在以上若干环节中，根据实际具体情况，有时可能会省略某个环节，也有可能会出现工作顺序上的倒置。

城市和工程建设高程控制网一般按水准测量方法来建立。为了统一水准测量规格，考虑到城市和工程建设的特点，城市测量和工程测量技术规范规定：水准测量依次分为二、三、四等3个等级。首级高程控制网，一般要求布设成闭合环形，加密时可布设成附合路线和节点图形。各等级水准测量的精度和国家水准测量相应等级的精度一致。城市和工程建设水准测量是各种大比例尺测图、城市工程测量和城市地面沉降观测的高程控制基础，又是工程建设施工放样和监测工程建筑物垂直形变的依据。

（一）水准路线的图上设计

水准网的布设应力求做到经济合理，因此，设计水准路线时首先要对测区情况进行调查研究，搜集和分析测区已有的水准测量资料，拟定出比较合理的布设方案。如果测区的面积较大，则应先在1∶10 000～1∶100 000万比例尺的地形图上进行图上设计。

根据上述要求，首先应在图上初步拟定水准网的布设方案，再到实地选定水准路线和水准点位置。在实地选线和选点时，除了要考虑上述要求外，还应注意使水准路线避开土质松软地段，确定水准点位置时，应考虑到水准标石埋设后点位的稳固安全，并能长期保存，便于施测。

图上设计水准路线应遵循以下要求：

（1）水准路线应尽量沿坡度小的道路布设，以减弱前后视折光误差的影响。应尽量避免跨越河流、湖泊、沼泽等障碍物。

（2）水准路线若与高压输电线或地下电缆平行，则应使水准路线在输电线或电缆50m

以外布设，以避免电磁场对水准测量的影响。

(3) 布设首级高程控制网时，应考虑到便于进一步加密。

(4) 水准网应尽可能布设成环形网或节点网，个别情况下亦可布设成附合路线。水准点间的距离：一般地区为2~4km；城市建筑区和工业区为1~2km。

(5) 应与国家水准点进行联测，以求得高程系统的统一。

(6) 注意测区已有水准测量成果的利用。

设计好了水准路线，事实上就已经确定了高程控制网的网形结构。常用的高程控制网有如下几种形式，使用上可根据需要选取。

就目前而言，较常用的为闭合水准路线和符合水准路线，节点网和环形网也偶尔用到，而支水准路线尽量少用或不用。

(二) 踏勘、选点埋石、绘制点之记

对于一项高程控制测量工程的技术设计，必须要建立在实地踏勘的基础之上。踏勘要解决的问题之一是根据图上初步拟定水准网的布设方案，到实地选定水准路线和水准点的位置。在实地选线和选点时，除了要考虑水准标石埋设后点位的稳固安全外，还要考虑能长期保存，便于施测。为此，水准点应设置在地质上最为可靠的地点，避免设置在水滩、沼泽、沙土、滑坡和地下水位高的地方；埋设在铁路、公路近旁时，一般要求离铁路的距离应大于50m，离公路的距离应大于20m，应尽量避免埋设在交通繁忙的道路交叉口；墙上水准点应选在永久性的大型建筑物上。

水准点选定后，就可以进行水准标石的埋设工作。我们知道，水准点的高程是指嵌设在水准标石上面的水准标志顶面相对于高程基准面的高度，如果水准标石埋设质量不好，容易产生垂直位移或倾斜，那么即使水准测量观测质量再好，其最后成果也是不可靠的，因此务必十分重视水准标石的埋设质量。

国家水准点标石的制作材料、规格和埋设要求，在《国家一、二等水准测量规范》（以下简称水准规范）中都有具体的规定和说明。工程测量中常用的普通水准标石由柱石和盘石两部分组成，如图6-6所示，标石可用混凝土浇制或用天然岩石制成。水准标石上面嵌设有铜材或不锈钢金属标志，如图6-7所示。

图6-6 水准标石规格

图6-7 水准点规格

水准标石埋设完成后,要现场绘制高程控制点点之记。水准点点之记的具体样式如图6-8所示。点之记的内容包括点名、等级、所在地、点位略图、实埋标石断面图及委托保管等信息。记载等级控制点位置和结构情况的资料包括:点名、等级、点位略图及与周围固定地物的相关尺寸等。

图6-8 水准点点之记

(三)作业方案与技术要求

作业方案的制定要结合任务概况和测区具体情况,在对已有测绘资料做出认真分析后进行。作业方案大致包括:采用的高程基准及高程控制网等级,水准路线长度及其构网图形,高程点或标志的类型与埋设要求;拟定观测与联测方案、观测方法及技术要求等。这里提到的技术要求,应来自相关的测量规范,应起到指导外业施工与内业计算全过程的作用。在编写技术设计书时,根据需方要求,并结合《测绘技术设计编写规定》(CH/T 1004—2005)的相关规定,要列出需上交的资料清单。上交的资料清单大致如下:

(1)工程技术设计书;
(2)工程技术总结报告;
(3)质量检查及质量评定报告;
(4)仪器检定资料;
(5)水准测量观测手簿;
(6)水准测量计算资料(含国家水准点起算数据);
(7)水准点点之记;
(8)全部数据光盘;
(9)水准路线图;
(10)高程控制点成果表。

任务6.2 精密水准仪和水准尺

一、精密水准仪的构造

水准仪的基本技术参数如表6-1所示,精密水准仪的技术参数要求相对于普通水准仪的要求较严格,而且其结构必须使视准轴与水准轴之间的联系相对稳定,并受外界因素的影响较小,一般精密水准仪的主要构件均用特殊的合金钢制成,并在仪器上套有起隔热作用的防护罩。保证视线的精确水平以及能在水准标尺上精确读数,是提高水准测量精度的重要条件。

表6-1　　　　　　　　　　我国水准仪系列及基本技术参数

技术参数项目		水准仪系列型号		
		S05	S1	S3
每千米往返平均高差中误差(mm)		≤0.5	≤1	≤3
望远镜放大率(倍)		≥40	≥40	≥30
望远镜有效孔径(mm)		≥60	≥50	≥42
管状水准器格值		10″/2mm	10″/2mm	20″/mm
测微器有效量测范围(mm)		5	5	
测微器最小分格值(mm)		0.1	0.1	
自动安平水准仪补偿性能	补偿范围	±8′	±8′	±8′
	安平精度	±0.1″	±0.2″	±0.5″
	安平时间不长于	2s	2s	2s

我国水准仪系列按精度分类有S05型、S1型、S3型等。S是"水"字汉语拼音的第一个字母,S后面的数字表示每千米往返平均高差的偶然中误差的毫米数。

对于精密水准测量的精度而言，除一些外界因素的影响外，观测仪器——水准仪在结构上的精确性与可靠性是具有重要意义的。为此，对精密水准仪必须具备的一些条件提出下列要求。

(一) 高质量的望远镜光学系统

为了在望远镜中能获得水准标尺上分划线的清晰影像，望远镜必须具有足够的放大倍率和较大的物镜孔径。一般精密水准仪的放大倍率应大于 40 倍，物镜的孔径应大于 50mm。

(二) 坚固稳定的仪器结构

仪器的结构必须使视准轴与水准轴之间的联系相对稳定，不受外界条件的变化而改变它们之间的关系。一般精密水准仪的主要构件均用特殊的合金钢制成，并在仪器上套有起隔热作用的防护罩。

(三) 高精度的测微器装置

精密水准仪必须有光学测微器装置，借以精密测定小于水准标尺最小分划线间格值的尾数，从而提高在水准标尺上的读数精度。一般精密水准仪的光学测微器可以读到 0.1mm，估读到 0.01mm。

(四) 高灵敏的管水准器

一般精密水准仪的管水准器的格值为 $10''/2mm$。由于水准器的灵敏度愈高，观测时要使水准器气泡迅速置中也就愈困难，为此，在精密水准仪上必须有倾斜螺旋(又称微倾螺旋)的装置，借以使视准轴与水准轴同时产生微量变化，从而使水准气泡较为容易地精确置中以达到视准轴的精确整平。

(五) 高性能的补偿器装置

对于自动安平水准仪补偿元件的质量以及补偿器装置的精密度都可以影响补偿器性能的可靠性。如果补偿器不能给出正确的补偿量，或是补偿不足，或是补偿过量，都会影响精密水准测量观测成果的精度。

二、精密水准尺的构造

水准标尺是测定高差的长度标准，如果水准标尺的长度有误差，则对精密水准测量的观测成果带来系统性质的误差影响，为此，对精密水准标尺提出如下要求：

(1) 当空气的温度和湿度发生变化时，水准标尺分划间的长度必须保持稳定，或仅有微小的变化。一般精密水准尺的分划是漆在因瓦合金带上的，因瓦合金带则以一定的拉力引张在木质尺身的沟槽中，这样因瓦合金带的长度不会受木质尺身伸缩变形的影响。

(2)水准标尺的分划必须十分正确与精密,分划的偶然误差和系统误差都应很小。水准标尺分划的偶然误差和系统误差的大小主要取决于分划刻度工艺的水平,当前精密水准标尺分划的偶然中误差一般在 $8\sim11\mu m$。由于精密水准标尺分划的系统误差可以通过水准标尺的平均每米真长加以改正,所以分划的偶然误差代表水准标尺分划的综合精度。

(3)水准标尺在构造上应保证全长笔直,并且尺身不易发生长度和弯扭等变形。一般精密水准标尺的木质尺身均应以经过特殊处理的优质木料制作。为了避免水准标尺在使用中尺身底部磨损而改变尺身的长度,在水准标尺的底面必须钉有坚固耐磨的金属底板。

(4)在精密水准标尺的尺身上应附有圆水准器装置,作业时扶尺者借以使水准标尺保持在垂直位置。在尺身上一般还应有扶尺环的装置,以便扶尺者使水准标尺稳定在垂直位置。

(5)为了提高对水准标尺分划的照准精度,水准标尺分划的形式和颜色与水准标尺的颜色相协调,一般精密水准标尺都为黑色线条分划,与浅黄色的尺面相配合,有利于观测时对水准标尺分划精确照准。

线条分划精密水准标尺的分格值有 10mm 和 5mm 两种。分格值为 10mm 的精密水准标尺如图 6-9(a)所示,它有两排分划,尺面右边一排分划注记从 0~300cm,称为基本分划,左边一排分划注记从 300~600cm,称为辅助分划,同一高度的基本分划与辅助分划读数相差一个常数,称为基辅差,通常又称尺常数,水准测量作业时可以用以检查读数的正确性。分格值为 5mm 的精密水准尺如图 6-9(b)所示,它也有两排分划,但两排分划彼此错开 5mm,所以实际上左边是单数分划,右边是双数分划,也就是单数分划和双数分划各占一排,而没有辅助分划。木质尺面右边注记的是米数,左边注记的是分米数,整个注记从 0.1~5.9m,实际分格值为 5mm,分划注记比实际数值大了一倍,所以用这种水准标尺所测得的高差值必须除以 2 才是实际的高差值。

三、常用精密水准仪介绍

精密水准仪的型号很多,我国目前使用较多的通常有瑞士生产的威特 N3、德国生产的蔡司 Ni004 和我国北京测绘仪器厂生产的 S1 型精密水准仪等。下面分别介绍目前常用的精密光学水准仪和电子水准仪。

图 6-9 精密水准标尺

(一)精密光学水准仪——苏一光 DS05

苏州一光仪器有限公司推出自行研制并获得国家专利的 DS05 精密水准仪。DS05 精密水准仪采用内置式的测微平板结构，仪器采用全密封设计，能有效地防尘防水，密封等级可达 IP55；放大倍率更大，观测目标更清晰；补偿器的固定采用了新的方法，更可靠，提高了仪器的稳定性。仪器外观平衡协调，安置更稳定，水准器居中性能更好，使用更加方便快捷。

DS05 精密水准仪的主要用途是：用于国家二、三等水准测量，建筑工程测量，变形及沉降监测，矿山测量，大型机器安装，工具加工测量和精密工程测量，仪器利用自动补偿技术和数字式光学测微尺读数系统，可大大提高作业效率和测量精度。

1. 部件名称

DS05 自动安平水准仪部件名称如图 6-10 所示。

1—基座；2—度盘；3—检查按钮；4—目镜卡环；5—目镜；6—护盖；7—读数目镜；8—提手；9—圆水准读数棱镜；10—圆水准器；11—安平手轮；12—测微手轮；13—调焦手轮；14—水平微动手轮；15—平行玻璃板

图 6-10 DS05 自动安平水准仪

2. 测微读数

整平仪器，瞄准标尺并调焦，使标尺像清晰地成在望远镜分划板上。旋转测微手轮，可使平板玻璃倾斜，从而使水平视线上下移动，使分划板水平横丝与水准尺上最近的厘米格值重合，再从读数放大镜中读取标尺读数及测微尺读数(厘米值直接从水准尺上读取，毫米值从测微器的测微尺上读取)，两者相加即得到所测值。如图 6-11 所示为精密光学水准仪与水准尺。扫描右侧二维码可查看微课"S1 精密光学水准仪结构与读数"。

图 6-11 精密光学水准仪与水准尺

转动测微螺旋可使水平视线在10mm范围内平移，测微器分划尺上有100格，所以测微器最小格值为0.1mm。从望远镜目镜视场中看到的影像及读数如图6-12所示。需要注意的是，读取中丝读数时，用十字丝的楔形丝卡准尺上刻划，以便提高测量精度，如图6-13所示。

图6-12 DS05自动安平水准仪读数图　　图6-13 DS05自动安平水准仪照准

(二) 精密电子水准仪——DL07电子水准仪

数字水准仪又称电子水准仪，具有与自动安平水准仪相同的光学机械结构，采用了典型的交叉吊带光学机械补偿器，它融光机电技术、图像处理技术、计算机技术于一体，以条码间隔影像信息与参考信号进行数字图像处理的原理，自动采集数据、信息处理和获取自动记录观测值，从而实现了水准测量的自动化。

电子水准仪在望远镜中安置了一个由光敏二极管构成的线阵探测器，仪器采用数字图像识别处理系统，并配用条码水准标尺。水准尺的分划用条纹编码代替厘米间隔的米制长度分划。线阵探测器将水准尺上的条码图像用电信号传送给信息处理机。信息经处理后即可求得水平视线的水准尺读数和视距值。因此，电子水准仪将原有的用人眼观测读数彻底改变为由光电设备自动探测水平视准轴的水准尺读数，从而实现水准观测自动化。到目前为止，电子水准仪已经达到了一、二等水准测量的要求。下面介绍科力达DL07电子水准仪的结构与操作。

广东科力达仪器有限公司生产的DL07电子水准仪高程测量精度达到0.7mm/km，全新设计、密封防尘、操作简便、结构紧凑、外形美观，采用国际顶尖的水准仪补偿模式，关键部件采用进口材料，并带温度补偿，在全温度范围内达到更高的补偿精度。可用于国家二级水准测量及精密沉降观测等应用。

1. 仪器部件名称

科力达DL07电子水准仪的结构如图6-14所示。

2. 操作键及其功能

DL07电子水准仪操作键及其功能如表6-2所示。

1—电池；2—粗瞄器；3—液晶显示屏；4—面板；5—按键；6—目镜；7—目镜护罩；8—数据输出插口；
9—圆水准器反射镜；10—圆水准器；11—基座；12—提柄；13—型号标贴；14—物镜；15—调焦手轮；
16—电源开关/测量键；17—水平微动手轮；18—水平度盘；19—脚螺旋

图 6-14　科力达 DL07 电子水准仪的结构

表 6-2　　　　　　　　　　DL07 电子水准仪操作键及其功能

键符	键名	功　　能
POW/MEAS	电源开关/测量键	仪器开关机和用来进行测量。开机：仪器待机时轻按一下；关机：按约五秒左右
MENU	菜单键	进入菜单模式，菜单模式有下列选择项：标准测量模式、线路测量模式、检校模式、数据管理和格式化内存/数据卡
DIST	测距键	在测量状态下按此键测量并显示距离
↑↓	选择键	翻页菜单屏幕或数据显示屏幕
→←	数字移动键	查询数据时左右翻页或输入状态时左右选择
ENT	确认键	用来确认模式参数或输入显示的数据
ESC	退出键	用来退出菜单模式或任一设置模式，也可作输入数据时的后退清除键
0~9	数字键	用来输入数字
—	标尺倒置模式	用来进行倒置标尺输入，并应预先在测量参数下，将倒置标尺模式设置为"使用"
☀	背光灯开关	打开或关闭背光灯
.	小数点键	数据输入时输入小数点；在可输入字母或符号时，切换大小写字母和符号输入状态
REC	记录键	记录测量数据

续表

键符	键名	功能
SET	设置键	进入设置模式，设置模式用来设置测量参数、条件参数和仪器参数
SRCH	查询键	用来查询和显示记录的数据
IN/SO	中间点/放样模式键	在连续水准线路测量时，测中间点或放样
MANU	手工输入键	当不能用[MEAS]键进行测量时，可从键盘手工输入数据
REP	重复测量键	在连续水准线路测量时，可用来重测已测过的后视或前视

主菜单下包括以下一级菜单项：标准测量模式、线路测量模式、检校模式、数据管理、格式化。下面以标准测量模式为例，介绍其操作步骤，如表6-3所示。

3. 电子水准仪的优点与缺点

电子水准仪由于省去了报数、听记、现场计算的时间以及人为出错的重测数量，测量时间与传统仪器相比可以节省1/3左右，与微倾水准仪相比具有以下优点：

(1)读数客观，不存在误差、误记问题，没有人为读数误差。数据自动输出，自动存储。

(2)视线高和视距读数都是采用大量条码分划图像经处理后取平均得出来的，因此削弱了标尺分划误差的影响。多数仪器都有进行多次读数取平均的功能，可以削弱外界条件的影响。不熟练的作业人员也能进行高精度测量。

(3)只需调焦和按键就可以自动读数，减轻了劳动强度。视距还能自动记录、检核，并能输入电子计算机进行后处理，可实现内外业一体化。可以建立简便测量或多功能测量模式，如取平均值、取中间值等。

(4)能自动进行地球曲率改正，可以自动作 i 角改正，且可以在标尺稍低于零的位置测量。

电子水准仪也存在一些不如光学水准仪的明显不足，主要表现为：

(1)电子水准仪对标尺进行读数不如光学水准仪灵活。电子水准仪只能对其配套的标尺进行照准读数，而在有些部门的应用中，使用自制的标尺，甚至是普通的钢板尺，只要有分划线，光学水准仪就能读数，而电子水准仪则无法工作。同时，电子水准仪要求有一定的视场范围，但有些情况下，只能通过一个较窄的狭缝进行照准读数，这时就只能使用光学水准仪。

(2)电子水准仪受外界条件影响较大。由于电子水准仪是由CCD探测器来分辨标尺条码的图像，进而进行电子读数，而CCD只能在有限的亮度范围内将图像转换为用于测量的有效电信号。因此，水准标尺的亮度是很重要的，要求标尺亮度均匀，并且亮度适中。

表 6-3　　　　　　　　　　**DL07 电子水准仪标准测量操作步骤**

操作过程	操作	显示
1. [ENT]键；	[ENT]	主菜单　　　　　　1/2 ▶标准测量模式 　线路测量模式 　检校模式
2. [ENT]键；	[ENT]	标准测量模式 ▶标准测量 　高程放样 　高差放样
3. 输入作业名并按[ENT] ※1), 3);	输入作业名 [ENT]	标准测量 作业？ =>J01
4. 输入新测量号 12 并按[ENT] ※1), 3);	输入测量号[ENT]	标准测量 　测量号 =>12
5. 输入注记 1-3 并按[ENT] ※1), 3);	输入注记 1 [ENT]	标准测量 　注记#1？ =>1
	输入注记 2 [ENT]	标准测量 　注记#2？ =>1
• 要跳过注记并直接进入步骤 6，只要在'注记#1'提示时按[ENT]即可；	输入注记 3 [ENT]	标准测量 　注记#3？ =>1
		标准测量 点号 =>P01
6. 输入测量点的点号；	[MEAS] 连续测量 [ESC]	标准测量 　按[MEAS]开始测量 测量号：12
7. 瞄准标尺；	[REC]	标准测量 标尺： 视距： 开始测量>>>>>>>
8. 按[MEAS]键； 进行三次测量并结果显示 M 秒； 9. 按[REC]键，存储显示的数据		标准测量　　　　p1/2 标尺均值：0.8263m 视距均值：18.818 N：3　　　δ：0.04mm

任务6.3 精密水准测量仪器的检验

为了保证水准测量成果的精度，对所用的水准仪和水准标尺，在水准测量作业开始前，应按国家水准测量规范的规定进行必要的检验。

对水准仪和水准标尺进行检验的目的是研究和分析仪器存在误差的性质及对水准测量的影响规律，从而在水准测量作业时采取相应的措施以减弱和消除仪器误差对测量成果的影响。因为水准仪和水准标尺各部件之间的关系不正确，或部件的效用不正确，都会影响水准测量成果的精度。此外，外界条件的作用，也会影响水准仪和水准标尺各部件之间的正确关系。

一、精密水准仪的检验

(一) 水准仪的检视

此项检验，要求从外观上对水准仪作出评价，并作记载。检查项目和内容如下：
(1) 外观检查，各部件是否清洁，有无碰伤、划痕、污点、脱胶、镀膜脱落等现象；
(2) 转动部件检查，各转动部件、转动轴和调整制动等转动是否灵活、平稳，各部件有无松动、失调、明显晃动，螺纹的磨损程度等；
(3) 光学性能检查，望远镜视场是否明亮、清晰、均匀，调焦性能是否正确等；
(4) 补偿性能检查，对于自动安平水准仪应检查其补偿器是否正常，有无沾摆现象；
(5) 设备件数清点，仪器部件及附件和备用零件是否齐全。

(二) 水准仪上概略水准器的检校

用脚螺旋使概略水准气泡居中，然后旋转仪器180°。此时若气泡偏离中央，则用水准器改正螺丝改正其偏差的一半，用脚螺旋改正另一半，使气泡回到中央。

如此反复检校，直到仪器无论转到任何方向，气泡中心始终位于中央时为止。

(三) 视准轴与水准管轴相互关系的检验与校正

水准测量的基本原理是根据水平视线在水准标尺上的读数，从而求得各点间的高差，而水平视线的建立又是借助于水准气泡居中来实现的。因此，水准仪视准轴与水准管轴必须满足相互平行这一重要条件。但是，视准轴与水准管轴相互平行的关系是难以绝对保持的，而且在仪器使用过程中，这种相互平行的关系还会发生变化，所以在每期作业前和作业期间都要进行此项检验与校正。

水准仪的水准管轴与视准轴一般既不在同一平面内，也不相互平行，而是两条空间直线，也就是说，它们在垂直面上和水平面上的投影都是两条相交的直线。在垂直面上投影线的交角，称为i角误差。在水平面上投影线的交角，称为交叉误差。

1. i角误差的检验与校正

测定i角的方法很多，但基本原理是相同的，都是利用i角对水准标尺上读数的影响与距离成比例这一特点，从而比较在不同距离的情况下，水准标尺上读数的差异而求出 i 角。

一般测定 i 角的方法是：距仪器 s 和 $2s$ 处分别选定 A 点和 B 点，以便安置水准标尺，A、B 两点的高差是未知数，我们要测定的 i 角也是未知数，所以要选定两个安置仪器的点 J_1 和 J_2，如图 6-15 所示。在 J_1 和 J_2 点分别安置仪器测量 A、B 两点间的高差，得到两份成果，建立相应的方程式，从而求出 i 角。

在 J_1 测站上，照准水准标尺 A 和 B，读数为 a_1 和 b_1，当 $i=0$ 时，水平视线在水准标尺上的正确读数应为 a'_1 和 b'_1，所以由于 i 角引起的误差分别为 Δ 和 2Δ。同样，在 J_2 测站上，照准水准标尺 A 和 B，读数为 a_2 和 b_2，正确读数应为 a'_2 和 b'_2，其误差分别为 2Δ 和 Δ。

图 6-15 i 角检验示意图

在测站 J_1 和 J_2 上得到 A、B 两点的正确(没有 i 角影响)高差分别为

$$\left. \begin{array}{l} h'_1 = a'_1 - b'_1 = (a_1 - \Delta) - (b_1 - 2\Delta) = a_1 - b_1 + \Delta \\ h'_2 = a'_2 - b'_2 = (a_2 - 2\Delta) - (b_2 - \Delta) = a_2 - b_2 - \Delta \end{array} \right\} \tag{6-1}$$

如不顾及其他误差的影响，则 $h'_1 = h'_2$，所以由式(6-1)可得

$$2\Delta = (a_2 - b_2) - (a_1 - b_1) \tag{6-2}$$

式中，(a_2-b_2) 和 (a_1-b_1) 是仪器存在 i 角时，分别在测站 J_2 和 J_1 测得 A、B 两点间的观测高差，以 h_2 和 h_1 表示，则上式可写为

$$\Delta = \frac{1}{2}(h_2 - h_1) \tag{6-3}$$

由图 6-15 可知

$$\Delta = i'' s \frac{1}{\rho} \quad 故 \quad i'' = \frac{\rho}{s}\Delta \tag{6-4}$$

为了简化计算，i 角测定时使 $s=20.6\text{m}$，则

$$i'' = 10\Delta \tag{6-5}$$

式(6-5)中 Δ 以 mm 为单位，Δ 可按式(6-4)计算，如表 6-4 所示为 i 角误差检验的计算过程。

水准测量规范规定，用于精密水准测量的仪器，如果 i 角大于 $15''$，则需要进行校正。

表 6-4　　　　　　　　　　　　**i 角误差检验**

仪器：N3　No.：777017　　　标尺：11687　11688　　　观测者：×××
日期：2018 年 4 月 16 日　　　成像：清晰　　　　　　　记录者：×××

仪器站	观测次序	标尺读数		高差($a-b$)（mm）	i 角计算
		A 尺读数 a	B 尺读数 b		
J_1	1	198　712	199　140		
	2	708	142		
	3	704	154		$s = 20.6$ m
	4	708	150		$2\Delta = (a_2-b_2)-(a_1-b_1)$
	中数	198　708	199　146	-4.38	$\quad\ = -0.10$ mm
J_2	1	210　952	211　394		$i'' = 10\Delta = -0.50''$
	2	956	410		
	3	944	396		
	4	958	400		
	中数	210　952	211　400	-4.48	

2. 水泡式水准仪交叉误差的检校

水准仪经过 i 角的检验与校正，视准轴与水准管轴在垂直面上的投影直线已保持平行关系（严格地讲，只能说基本平行），但还不能保持在水平面上的投影直线平行，也就是说，还有可能存在交叉误差。

如果存在交叉误差，当仪器的垂直轴略有倾斜时（特别是与视准轴正交方向的倾斜），即使水准轴水平，而视准轴却不水平，而产生了 i 角，应该指出，由此产生的 i 角是由有交叉误差在垂直轴倾斜时转化而形成的。

如果有交叉误差存在，则仪器整平后，使仪器绕视准轴左右倾斜时，水准气泡就会发生移动，交叉误差就是根据这一特征进行检验的，具体检验步骤如下：

(1) 将仪器安置在距水准标尺约 50m 处，并使其中两个脚螺旋在望远镜照准水准标尺的垂直方向上，如图 6-16 中的 1、2 脚螺旋。

图 6-16　检验交叉误差的脚螺旋位置

(2) 将仪器整平，旋转微倾螺旋时水准气泡精密符合。用测微螺旋使楔形丝夹准水准标尺上一条分划线，并记录水准标尺与测微器分划尺上的读数。在整个检验过程中需保持水准标尺和测微器分划尺上的读数不变，也就是在检验过程中应保持视准轴方向不变。

(3) 将照准方向一侧的脚螺旋 1 升高两周，为了不改变视准轴的方向，应将另一侧的脚螺旋 2 作等量降低，保持楔形丝仍夹准水准标尺上原来的分划线。此时仪器垂直轴倾斜。注意观察并记录水准气泡的偏移方向和大小。

（4）旋转脚螺旋1、2，使其回到原来位置，使楔形丝在夹准水准标尺上原分划线的条件下，水准气泡两端恢复符合的位置。

（5）将脚螺旋2升高两周，脚螺旋1作等量降低，使楔形丝夹准水准标尺上的原分划线，此时仪器相对于步骤（3）向另一侧倾斜。注意并记录水准气泡偏移方向和大小。

根据仪器先后向两侧倾斜时，气泡偏移的方向和大小来分析判断视准轴与水准管轴的相互关系。可能出现下列不同情况：

（1）水准气泡的影像仍保持符合，则说明仪器不存在i角误差和交叉误差；

（2）水准气泡的影像同向偏移，且偏移量相等，则仅有i角误差，而没有交叉误差；

（3）水准气泡的影像同向偏移，且偏移量不等，则i角误差大于交叉误差；

（4）水准气泡的影像异向偏移，且偏移量相等，则仅有交叉误差，而没有i角误差；

（5）水准气泡的影像异向偏移，且偏移量不等，则交叉误差大于i角误差。

根据以上分析，当仪器垂直轴向两侧倾斜，水准气泡有异向偏移情况，则有交叉误差存在，水准测量规范规定偏移量大于2mm时，须进行交叉误差的校正。

校正的方法是：先将水准器侧方的一个改正螺旋松开，再拧紧另一侧的一个改正螺旋，使水准气泡向左右移动，直至气泡影像符合为止。

必须指出，当同时存在交叉误差和i角误差时，为了便于校正交叉误差，应先将i角误差校正好。

3. 光学测微器隙动差和分划值的测定

光学测微器是精确测定小于水准标尺分划间隔尾数的设备。测微器本身效用是否正确，测微器分划尺的分划值是否正确都会直接影响到读数的精度。因此，在作业前应进行此项检验和测定。

测定测微器分划值的基本思想是：利用一根分划值经过精密测定的特制分划尺和测微器分划尺进行比较求得。将特制分划尺竖立在与仪器等高的一定距离处，旋转测微螺旋，使楔形丝先后对准特制分划尺上两相邻的分划线，这时测微器分划尺移动了L格。现设特制分划尺上分划线间隔值为d，测微器分划尺一个分格的值为g，则

$$g = \frac{d}{L} \tag{6-6}$$

此项检验应选择在成像清晰稳定的时间内进行，在距离仪器5~6m处竖立特制分划尺，可以选用三级标准线纹尺或其他同等精度的钢尺，用其1mm刻划面进行此项检验。

光学测微器隙动差的测定，主要是比较旋进测微螺旋和旋出测微螺旋，照准特制分划尺上同一分划线在测微器分划尺上的读数，如果读数差Δ超过2格，表明测微器效用不正确，其主要原因是测微器装置不完善。为了避免这种误差的影响，规范规定在作业时只采用旋进测微螺旋进行读数。Δ过大时，应送厂修理。

二、精密水准尺的检验

（一）水准标尺的检视

此项检验，要求从外观上对水准标尺作出评价，并作记载。检查内容如下：

(1)标尺有无凹陷、裂缝、碰伤、划痕、脱漆等现象;
(2)标尺刻划线和注记是否粗细均匀、清晰,有无异常伤痕,能否读数。

(二)水准标尺上圆气泡的检校

水准标尺上圆气泡的检校内容如下:
(1)在距仪器约50m处的尺桩上安置水准标尺,使水准标尺的中线(或边缘)与望远镜竖丝精密重合。如标尺上的气泡偏离,则用改针将标尺圆气泡导至中央;
(2)将水准标尺旋转180°,使水准标尺的中线(或边缘)与望远镜竖丝精密重合。观察气泡,若气泡居中,表示标尺此面已经垂直,否则应对水准仪十字丝进行检校;
(3)旋转水准标尺90°,检查标尺另一面是否垂直,其检验方法同(1)、(2);
(4)如此反复检校多次,使标尺能按尺面上圆水准器准确地竖直。

(三)水准标尺分划面弯曲差的测定

水准标尺分划面如有弯曲,观测时将使读数失之过大。水准标尺分划面的弯曲程度用弯曲差来表示。所谓弯曲差即通过分划面两端点的直线中点至分划面的距离。弯曲差愈大,表示标尺愈弯曲。

设弯曲的分划面长度为l,分划面两端点间的直线长度为L。则尺长变化$\Delta l = l - L$。若测得分划面的弯曲差为f,可导得尺长变化Δl与弯曲差f的关系式

$$\Delta l = \frac{8f^2}{3l} \tag{6-7}$$

由于分划面的弯曲引起的尺长改正数Δl可按式(6-7)计算,设标尺的名义长度$l=3m$,测得$f=4mm$,则$\Delta l=0.014mm$,影响每米分划平均真长为0.005mm,对高差的影响是系统性的。水准测量规范规定,对于线条式因瓦水准标尺,弯曲差f不得大于4mm,超过此限值时,应对水准标尺施加尺长改正。

弯曲差的测定方法是:在水准标尺的两端点引张一条细线,量取细线中点至分划面的距离,即为标尺的弯曲差。

(四)一对水准标尺每米分划真长的测定

按水准测量规范规定,精密水准标尺在作业开始之前和作业结束后应送专门的检定部门进行每米真长的检验,取一对水准标尺检定成果的中数作为一对水准标尺的平均每米真长。一对水准标尺的平均每米真长与名义长度1m之差称为平均米真长误差,以f表示,则

$$f = 平均米真长 - 1 \tag{6-8}$$

用于精密水准测量的水准标尺,水准测量规范规定,如果一对水准标尺的平均米真长误差大于0.1mm,就不能用于作业。当一对水准标尺平均米真长误差大于0.02mm,则应对水准测量的观测高差施加每米真长改正δ,从而得到改正后的高差h',即

$$h' = h + \delta = h + fh \tag{6-9}$$

式中,h以m为单位,f以mm/m为单位。

(五)一对水准标尺零点不等差及基辅分划读数差的测定

水准标尺的注记是从底面算起的,对于分格值为10mm的精密因瓦水准标尺,如果从底面至第一分划线的中线的距离不是10mm,其差数叫做零点误差。一对水准标尺的零点误差之差,叫做一对水准标尺的零点不等差。当水准标尺存在这种误差时,在水准测量一个测站的观测高差中,就含有这种误差的影响。在后面的章节中可以得到证实,在相邻两测站所得观测高差之和中,这种误差的影响可以得到抵消,因此,水准测量规范规定在水准路线的每个测段应安排成偶数测站。

在同一视线高度时,水准尺上的基本分划与辅助分划的读数差,称为基辅差,也称为尺常数,对于1cm分格的水准标尺(如Wild N3精密水准标尺)为3.01550m。如果检定结果与名义值相差过大,则在水准测量检核计算时应考虑这一误差。

检定的方法是:在距仪器20~30m处竖立水准标尺,整平仪器后,分别对水准标尺的基本分划与辅助分划各读数三次,再竖立另一水准标尺,读数如前。为了提高检定的精度,需检定三测回,每测回都要将水准标尺分别竖立在三个木桩上进行读数。

任务6.4 精密水准测量的实施

精密水准测量一般指国家一、二等水准测量,在各项工程的不同建设阶段的高程控制测量中,极少进行一等水准测量,故在工程测量技术规范中,将水准测量分为二、三、四等3个等级,其精度指标与国家水准测量的相应等级一致。下面以二等水准测量为例,介绍精密水准测量的实施。

一、精密水准测量作业的一般规定

根据各种误差的性质及其影响规律,水准规范中对精密水准测量的实施做出相应的规定,目的在于尺可能消除或减弱各种误差对观测成果的影响。

现将精密水准测量的一般规定及其作用归纳如下:

(1)观测前30分钟,应使仪器与环境温度趋于一致;观测时应打伞遮阳;迁站时应罩以仪器罩。这样可以减弱视准轴受温度变化的影响。

(2)同一测站的观测中,不得两次调焦。转动仪器的倾斜螺旋和测微螺旋,其最后旋转方向应为旋进,以免倾斜螺旋和测微器隙动差对观测成果造成影响。

(3)仪器前、后视距应尽量相等,其差应小于规定的限值。对于二等水准测量,一测站前、后视距差应不大于1.0m;前、后视距累积差应不大于3.0m。这样,可以消除或减弱与距离有关的各种误差对观测高差的影响,如i角误差和垂直折光等影响。

(4)相邻测站,应按奇、偶数测站的观测程序进行观测。往测奇数站按"后前前后"、偶数站按"前后后前"的观测程序在相邻测站上交替进行。返测的观测程序与往测相反。这样,可以消除或减弱与时间成比例均匀变化的误差对观测高差的影响,如i角随时间的变化和仪器标尺的垂直位移等误差的影响。

(5)在一测段的水准测量路线上,测站的数目应安排成偶数。这样,可以消除或减弱一对标尺零点不等差对观测高差的影响及交叉误差在仪器垂直轴倾斜时对观测高差的影响。

（6）每一测段应进行往测和返测。这样，可以消除或减弱性质相同、正负号也相同的误差影响，如水准标尺垂直位移的误差影响。

（7）一个测段水准测量路线的往测和返测应在不同的气象条件下进行（如上午和下午）。对于观测时间、视线长度和视线高度也都有相应的规定，这些规定的主要作用是为了消除或减弱大气垂直折光对观测高差的影响。

（8）补偿式自动安平水准仪观测的操作程序与水准器水准仪相同。观测前对圆水准器应严格检验与校正，观测时应严格使圆水准器气泡居中。

（9）观测工作间歇时，最好能结束在固定的水准点上，否则，应选择两个坚固可靠的固定点作为间歇点。间歇后，应对两个间歇点的高差进行检测，检测结果如符合限差的要求（对于二等水准测量，规定检测间歇点高差之差应≤1.0mm），就可以从间歇点起测。若仅能选定一个固定点作为间歇点，则在间歇后应仔细检视，确认没有发生任何位移，方可由间歇点起测。

二、精密水准测量的技术要求

应用精密光学水准仪进行水准测量，其观测数据必须严格满足限差要求，如有超限，必须重测。现将一、二等水准测量的有关限差列于表6-5、表6-6和表6-7（引自《国家一、二等水准测量规范》（GB 12897—2006）。

表6-5　　　　　　　　　　　一、二等水准测量的技术要求（光学）

等级	视线长度		前后视距差（m）	前后视距累积差（m）	视线高度（下丝读数）（m）	基辅分划读数差（mm）	基辅分划所得高差之差（mm）	上下丝读数平均值与中丝读数之差		水准路线测段往返测高差不符值（mm）
	仪器类型	视距（m）						0.5cm分划标尺（mm）	1cm分划标尺（mm）	
一	S05	≤30	≤0.5	≤1.5	≥0.5	0.3	≤0.4	≤1.5	≤3.0	≤±2$\sqrt{K}$
二	S1	≤50	≤1.0	≤3.0	≥0.3	0.4	≤0.6	≤1.5	≤3.0	≤±4$\sqrt{K}$
	S05	≤50								

注：K为往返测段、附合、闭合或环线的长度（km）。

表6-6　　　　　　　　　　　二等水准测量的技术要求（电子）

视线长度（m）	前后视距差（m）	前后视距累积差（m）	视线高度（m）	两次读数所得高差之差（mm）	水准仪重复测量次数	测段、环线闭合差（mm）
≥3且≤50	≤1.5	≤6.0	≤2.80且≥0.55	≤0.6	≥2次	≤4$\sqrt{L}$

注：L为路线的总长度（km）。

表 6-7　　　　　　　　　　水准测量的主要技术要求

等级	每千米高差全中误差(mm)	路线长度(km)	水准仪型号	水准尺	观测次数		往返较差、附合或环线闭合差	
					与已知点联测	附合或环线	平地(mm)	山地(mm)
二等	2	—	DS1	因瓦	往返各一次	往返各一次	$4\sqrt{L}$	—

注：①节点之间或节点与高级点之间，其路线的长度，不应大于表中规定的 0.7 倍；
②L 为往返测段、附合或环线的水准路线长度（km）；n 为测站数；
③数字水准仪测量的技术要求和同等级的光学水准仪相同；
④工程测量规范没有"一等"。

应用精密电子水准仪以及 2m 标尺进行水准测量时，可采用表 6-8 所示测量规范。

表 6-8　　　　　　　　精密水准测量外业计算的取位规定

等级	往(返)测距离总和(km)	测段距离中数(km)	各测站高差(mm)	往(返)测高差总和(mm)	测段高差中数(mm)	水准点高程(mm)
一等	0.01	0.1	0.01	0.01	0.1	1
二等	0.01	0.1	0.01	0.01	0.1	1

高差观测值的精度是根据往返测高差不符值来评定的，因为往返测高差不符值集中反映了水准测量各种误差的共同影响，这些误差对水准测量精度的影响，不论其性质和变化规律都是极其复杂的，其中有偶然误差的影响，也有系统误差的影响。

根据研究和分析可知，在短距离的水准线路中，如一个测段的往返测高差不符值中，偶然误差是得到反映的，虽然也不排除有系统误差的影响，但毕竟由于距离短，所以影响很微弱，因而用测段的往返测高差不符值 Δ 来估计偶然中误差，还是合理的。在长距离的水准线路中，例如一个闭合环，则影响观测的误差，除偶然误差外，还有系统误差，而且这种系统误差，在很长的线路上，也表现有偶然性质。环形闭合差表现为真误差的性质，因而可以利用环闭合差 W 来估计含有偶然误差和系统误差在内的全中误差，现行国家水准测量规范中采用的计算水准测量精度的公式，就是以这种基本思想为基础而导得的。

三、精密水准测量测站观测顺序和方法

(一)精密光学水准仪观测(光学)

1. 精密水准测量的观测顺序(光学)

对于一、二等精密水准测量，往测奇数站和返测偶数站的观测程序(即后前前后)为

(图 6-17)：

(1)后视，基本分划，上、下丝和中丝读数；
(2)前视，基本分划，中丝和上、下丝读数(注意：先中丝，后上、下丝)；
(3)前视，辅助分划，中丝读数；
(4)后视，辅助分划，中丝读数。

往测偶数站和返测奇数站的观测程序(即前后后前)为(图 6-17)：

(1)前视，基本分划，上、下丝和中丝读数；
(2)后视，基本分划，中丝和上、下丝读数(注意：先中丝，后上、下丝)；
(3)后视，辅助分划，中丝读数；
(4)前视，辅助分划，中丝读数。

图 6-17 二等水准测量奇、偶数站观测顺序

扫描右侧二维码可查看微课"二等水准测量的实施"。

2. 精密水准测量的操作步骤(光学)

以往测奇数站为例来说明一个测站上观测的具体操作步骤，记录与检核见表 6-9。

(1)整平仪器，要求望远镜在任何方向时，符合水准气泡两端影像的分离量不超过 1cm。对于自动安平水准仪，要求气泡位于指标圆环中央。

(2)将望远镜对准后视水准标尺，在符合水准气泡两端的影像分离量不大于 2mm 时，分别用上、下丝照准水准标尺的基本分划进行视距读数，读至 mm，mm 位由测微器读出，并记入记录手簿第(1)、(2)栏，然后，转动微倾螺旋使符合水准气泡两端的影像精确符合，再转动测微螺旋用楔形丝照准标尺上的基本分划，读取水准标尺基本分划和测微器读数，记入手簿的第(3)栏，测微器读数至整格。

(3)旋转望远镜照准前视标尺，并使符合水准气泡两端的影像精确符合，用楔形丝照准标尺上的基本分划，读取基本分划和测微器读数，记入手簿第(4)栏，然后用上、下丝照准基本分划进行视距读数，记入手簿第(5)、(6)栏。

(4)照准前视标尺上的辅助分划，使符合水准气泡两端影像精确符合，进行辅助分划和测微器读数，记入手簿第(7)栏。

(5)旋转望远镜照准后视标尺上的辅助分划，使符合水准气泡的影像精确符合，进行辅助分划和测微器读数，记入手簿第(8)栏。

表6-9　　　　　　　　　　　一(二)等水准观测记录

测自_____至_____　　　　　　　　　20　年　月　日

时间　始___时___分　末___时___分　　　　　　成像_____

温度_____　云量_____　风向风速_____　天气_____　土质_____　太阳方向_____

测站编号	后尺 上丝	前尺 上丝	方向及尺号	标尺读数		基+K -辅 (一减二)	备注
	后尺 下丝	前尺 下丝					
	后距	前距		基本分划 (一次)	辅助分划 (二次)		
	视距差 d	$\sum d$					
往奇	(1)	(5)	后	(3)	(8)	(14)	基辅差 $K=3.0155$m
	(2)	(6)	前	(4)	(7)	(13)	
	(9)	(10)	后-前	(15)	(16)	(17)	
	(11)	(12)	h		(18)		

3. 精密水准测量的测站检核计算(光学)

表6-9中第(1)至(8)栏是读数的记录部分,(9)至(18)栏是计算部分,现以往测奇数站的观测程序为例,来说明计算内容与计算步骤。

视距部分计算

(9)=［(1)-(2)］×100

(10)=［(5)-(6)］×100

(11)=(9)-(10)

(12)=(11)+前站(12)

高差部分计算与检核

(13)=(4)+K-(7)

(14)=(3)+K-(8)

式中K为基辅差(K=3.0155m)

(15)=(3)-(4)

(16)=(8)-(7)

(17)=(14)-(13)=(15)-(16)检核

(18)=［(15)+(16)］/2

每测段观测结束,应进行测段计算。其前后视距、视距差、高差中数栏的累积结果应与单站计算结果的累加相符。该计算不仅有利于观测数据的采用,也对测段观测进行了检核。表6-10所示的为$A_1 \sim A_2$测段二等水准观测记录示例(光学)。

表 6-10　　　　　　　　　二等水准观测记录示例（光学）

测站编号	后尺 上丝 / 下丝 / 后距 / 视距差 d	前尺 上丝 / 下丝 / 前距 / $\sum d$	方向及尺号	标尺读数 基本分划（一次）	标尺读数 辅助分划（二次）	基+K-辅（一减二）	备注
1	1.339	1.266	后 A_1	1.20434	4.22003	−0.19	
	1.081	1.021	前	1.14362	4.15923	−0.11	
	25.8	24.5	后−前	+0.06072	+0.06080	−0.08	
	+1.3	+1.3	h	0.06076			
2	1.214	1.278	后	1.09154	4.10703	+0.01	
	0.969	1.032	前	1.15086	4.16602	+0.34	
	24.5	24.6	后−前	−0.05932	−0.05899	−0.33	
	−0.1	+1.2	h	−0.05916			基辅差 $K=3.0155$m
3	1.937	1.365	后	1.80423	4.82005	−0.32	
	1.690	1.122	前	1.24342	4.25928	−0.36	
	24.7	24.3	后−前	+0.56081	+0.56077	+0.04	
	+0.4	+1.6	h	+0.56079			
4	1.315	1.368	后	1.19163	4.20712	+0.01	
	1.061	1.116	前 A_2	1.25090	4.26614	+0.26	
	25.4	25.2	后−前	−0.05927	−0.05902	−0.25	
	+0.2	+1.8	h	−0.05914			

注：上表为 $A_1 \sim A_2$ 测段记录示例，单位为 m，"基+K-辅"单位为 mm。

（二）精密光学水准仪观测（电子）

1. 精密水准测量的观测顺序（电子）

往、返测奇数站照准标尺顺序为：

（1）后视标尺；

（2）前视标尺；

（3）前视标尺；

（4）后视标尺。

往、返测偶数站照准标尺顺序为：

(1)前视标尺;
(2)后视标尺;
(3)后视标尺;
(4)前视标尺。

2. 精密水准测量的操作步骤(电子)

(1)首先将仪器整平(望远镜绕垂直轴旋转,圆气泡始终位于指标环中央);

(2)将望远镜对准后视标尺(此时,标尺应按圆水准器整置于垂直位置),用垂直丝照准条码中央,精确调焦至条码影像清晰,按测量键;

(3)显示读数后,旋转望远镜照准前视标尺条码中央,精确调焦至条码影像清晰,按测量键;

(4)显示读数后,重新照准前视标尺,按测量键;

(5)显示读数后,旋转望远镜照准后视标尺条码中央,精确调焦至条码影像清晰,按测量键,显示测量成果,测站检核合格后迁站。

3. 精密水准测量的测站检核计算(电子)

二等水准观测记录示例(电子)如表6-11所示。

表6-11　　　　　　　　二等水准观测记录示例(电子)

测站编号	后距	前距	方向及尺号	标尺读数		两次读数之差	备注
	视距差	累积视距差		第一次读数	第二次读数		
1	31.5	31.6	后 B_1	153 959	153 958	+1	
			前	139 260	139 260	0	
	-0.1	-0.1	后-前	+14 699	+14 698	+1	
			h	+0.14 698			
2	36.9	37.2	后	137 410	137 401	+9	
			前	114 414	114 426	-12	
	-0.3	-0.4	后-前	+22 996	+22 975	+21	
			h	+0.22 986			
3	41.5	41.4	后	113 906	113 901	+5	
			前	109 260	109 250	+10	
	+0.1	-0.3	后-前	+4 646	+4 651	-5	
			h	+0.04646			
4	46.9	46.5	后	069 401	069 395	+6	
			前 B_2	171 141	171 162	-21	
	+0.4	+0.1	后-前	-101 740	-101 767	+27	
			h	-1.01 754			

四、水准测量平差计算

(一) 水准网简易平差

高程误差配赋表如表 6-12 所示。

表 6-12　　　　　　　　　　高程误差配赋表

点名	距离 (m)	观测高差 (m)	改正数 (mm)	改正后高差 (m)	高　程 (m)
BM1					61.326
	435.1	+0.12 432	-0.79	+0.12 353	
B1					61.450
	350.3	-1.01 185	-0.64	-1.01 249	
B2					60.437
	409.6	+1.02 280	-0.75	+1.02 205	
B3					61.459
	607.9	-0.13 199	-1.10	-0.13 309	
BM1					61.326
∑	1802.9	+0.00 328	-3.28	0	

$W = +3.28$ mm　　$W_{允} = ±5.3$ mm

(二) 水准网按条件平差

1. 水准网按条件平差计算的一般步骤

(1) 绘制水准网平差略图，在图上要注明已知点和节点的名称及各条水准路线的编号，用箭头标明各水准路线观测时的前进方向。

(2) 水准点编号，先从已知点编起，再编待定节点，编号为：1, 2, 3, …, n，并在图上注明。

(3) 调制已知数据和观测数据表，并按一定格式输入到已运行相关平差软件的计算机中。

(4) 由计算机列出条件式，组成并解算法方程，计算高差改正数和平差值，计算各待定节点的高程平差值，计算单位权重误差、每 km 高差中误差，计算最弱点高程中误差。

(5) 按单一路线计算每条水准路线内各个水准点的高程平差值，并编制水准成果表。

2. 水准网平差算例

某二等水准网如图 6-18 所示，已知数据和观测数据分别列于表 6-13、表 6-14，试进行该水准网的平差计算。

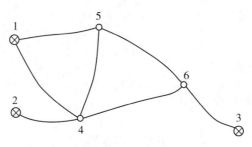

图 6-18 水准网示意图

表 6-13　　　　　　　　　　　已知点高程

点名	高程(m)
1	16.000
2	14.953
3	18.650

表 6-14　　　　　　　　　　　观 测 数 据

序号	起点	终点	测段长度(km)	观测高差(m)
1	1	5	12.4	+3.452
2	1	4	24.2	+0.050
3	2	4	11.8	+1.100
4	5	4	23.6	−3.404
5	4	6	24.6	+2.398
6	6	5	23.0	1.001
7	6	3	11.7	0.200

用南方平差易 PA2005 计算得到如下结果：

待定点平差后高程及高程中误差如表 6-15 所示。

表 6-15　　　　　　　　　　　平差结果表

点号	高程(m)	高程中误差(mm)
4	16.0514	0.7
5	19.4527	0.8
6	18.4503	0.8

其他统计数据如下：

每千米高差中误差 = 0.44(mm);
最大高程中误差[5] = 0.83(mm);
最小高程中误差[4] = 0.73(mm);
平均高程中误差 = 0.79(mm);
规范允许每千米高差中误差 = 2(mm)。

任务 6.5　精密水准测量的误差来源与影响

在进行精密水准测量时,会受到各种误差的影响。其中有仪器误差、观测误差和外界因素的影响而产生的误差。下面就几种主要的误差进行分析,并讨论对精密水准观测成果的影响及应采取的措施。

一、水准仪及水准尺的误差

(一) i 角的误差影响

虽然经过 i 角的检验校正,但要使两轴完全保持平行是困难的。因此,当水准气泡居中时,视准轴仍不能保持水平,使水准标尺上的读数产生误差,并且该误差与视距成正比。

图 6-19 中,$S_{前}$、$S_{后}$ 为前后视距,由于存在 i 角,在前后视水准标尺上的读数误差分别为 $i'' \cdot \dfrac{S_{前}}{\rho''}$ 和 $i'' \cdot \dfrac{S_{后}}{\rho''}$,对高差的误差影响为

$$\delta_S = i'' \cdot \frac{S_{后} - S_{前}}{\rho''} \tag{6-10}$$

图 6-19　i 角的误差影响

对于两个水准点之间一个测段的高差总和的误差影响为

$$\sum \delta_S = i'' \cdot \frac{\sum S_{后} - \sum S_{前}}{\rho''} \tag{6-11}$$

由此可见，在 i 角保持不变的情况下，一个测站上的前后视距相等或一个测段的前后视距总和相等，则在观测高差中由于 i 角的误差影响可以得到消除。但在实际作业中，要求前后视距完全相等是困难的，为此必须规定一个限值。

水准测量规范规定：二等水准测量前后视距差应不大于 1m，前后视距累积差应不大于 3m。

(二) 交叉误差的影响

当仪器不存在 i 角，则在仪器的垂直轴严格垂直时，交叉误差并不影响在水准标尺上的读数，因为仪器在水平方向转动时，视准轴与水准轴在垂直面上的投影仍保持互相平行，因此对水准测量并无不利影响。但当仪器的垂直轴倾斜时，如与视准轴正交的方向倾斜一个角度，那么这时视准轴虽然仍在水平位置，但水准轴两端却产生倾斜，从而水准气泡偏离居中位置。仪器在水平方向转动时，水准气泡将移动，当重新调整水准气泡居中进行观测时，视准轴就会背离水平位置而倾斜，显然它将影响在水准标尺上的读数。为了减少这种误差对水准测量成果的影响，应对水准仪上的圆水准器进行检验与校正和对交叉误差进行检验与校正。

(三) 水准标尺每米长度误差的影响

在精密水准测量作业中必须使用经过长度检验的水准标尺。设 f 为水准标尺每米间隔平均真长误差，则对一个测站的观测高差 h 应加的改正数为

$$\delta_f = h \cdot f \tag{6-12}$$

对于一个测段来说，应加的改正数为

$$\sum \delta_f = f \cdot \sum h \tag{6-13}$$

式中 $\sum h$ 为一个测段各测站观测高差之和。

(四) 一对水准标尺零点误差的影响

一对水准标尺的零点误差一般不等，因而对观测高差必然产生影响。设 a、b 水准标尺的零点误差分别为 Δa 和 Δb，它们都将影响在水准标尺上的读数。

如图 6-20 所示，在测站 I 上顾及两水准标尺的零点误差对前后视水准标尺上读数 b_1、a_1 的影响，则测站 1、2 两点的高差为

$$h_{12} = (a_1 - \Delta a) - (b_1 - \Delta b) = (a_1 - b_1) - \Delta a + \Delta b \tag{6-14}$$

在测站 II，此时测站 I 的前尺变为本站的后尺，I 的后尺变为本站的前尺，则 2、3 点的高差为

$$h_{23} = (b_2 - \Delta b) - (a_2 - \Delta a) = (b_2 - a_2) - \Delta b + \Delta a \tag{6-15}$$

则 1、3 点的高差，即 I、II 测站所测高差之和为

$$h_{13} = h_{12} + h_{23} = (a_1 - b_1) + (b_2 - a_2) \tag{6-16}$$

由此可见，尽管两水准标尺的零点误差 $\Delta a \neq \Delta b$，但在两相邻测站的观测高差之和中，抵消了这种误差的影响，故在实际水准测量作业中各测段的测站数目应安排成偶数，且在相邻测站上使两水准标尺轮流作为前视尺。

图 6-20 一对水准标尺零点差的影响

二、外界因素的影响而产生的误差

(一) 大气垂直折光的影响

对于精密水准测量来说,大气垂直折光对水准测量的影响是复杂的,也是极为重要的。

当视线通过近地面的大气层时,由于近地面大气层的密度分布一般随高度而变化,即近地面大气层的密度存在着梯度,因此,视线通过时就要在垂直方向上因折射产生弯曲,并且弯向密度较大的一方,这种现象叫做大气垂直折光。如果在地势较为平坦的地区进行水准测量时,前后视距相等,则折光影响基本相同,其使视线弯曲的程度也基本相同,因此,在观测高差中就可以消除这种误差的影响。但是,由于越接近地面的大气层,温度的梯度越大,当前后视线离地面的高度不同,视线所通过大气层的密度也不同,折光影响也就不同,所以前后视线在垂直面内的弯曲程度也不同,如水准测量通过一个较长的坡度时,由于前视视线离地面的高度总是大于(或小于)后视视线离地面的高度,这时,垂直折光对高差将产生系统性质的误差影响。

为了减弱垂直折光对观测高差的影响,应使前后视距尽量相等,并使视线离地面有足够的高度,在坡度较大的水准路线上进行作业时,应适当缩短视距。另外,垂直折光的影响,还与一天内的不同时间有关,在日出后半小时左右和日落前半小时左右这两段时间内,由于地表面的吸热和散热,使近地面的大气密度和折光差变化迅速而无规律,故不宜进行观测。在中午的一段时间内,由于太阳强烈照射,使空气对流剧烈,致使目标成像不稳定,也不宜进行观测。为了减弱垂直折光对观测高差的影响,水准测量规范还规定每一测段的往测和返测应分别在上午或下午进行,这样在往返测观测高差的平均值中可以减弱垂直折光的影响。

(二) 仪器和水准标尺(尺台或尺桩)垂直位移的影响

仪器和水准标尺在垂直方向位移所产生的误差,是精密水准测量系统误差的重要来源。图 6-21 中,设观测一测站高差的观测程序为:后视基本分划中丝—前视基本分划中丝—前视辅助分划中丝—后视辅助分划中丝,则当仪器的脚架随时间而逐渐下沉时,在读完后视基本分划读数转向前视基本分划读数的时间内，由于仪器的下沉，视线将有所下降，而使前视基本分划读数偏小。同理，由于仪器的下沉，后视辅助分划读数亦偏小，如果前视基本分划和后视辅助分划读数偏小的量相同，则采用如上"后前前后"的观测程序所测得的高差平均值，可以较好地消除这项误差的影响。

水准标尺(尺台或尺桩)的垂直位移，主要发生在迁站的过程中，由原来的前视尺转为后视尺而产生下沉，于是总是后视读数偏大，使各测站的观测高差都偏大，成为系统性的误差影响。这种误差的影响在往返测高差的平均值中可以得到有效的抵偿，所以水准测量一般都要求进行往、返测。

图 6-21　仪器垂直位移的影响

有时仪器脚架和尺台(或尺桩)也会发生上升现象，就是当我们用力将脚架或尺台压入地下之后，在我们不再用力的情况下，土壤的反作用有时会使脚架或尺台逐渐上升，如果水准测量路线沿着土壤性质相同的路线敷设，而每次都有这种上升的现象发生，结果会产生系统性质的误差影响，根据研究表明，这种误差可以达到相当大的数值。

(三) 温度变化对 i 角的影响

精密水准仪的水准管框架是同望远镜筒固连的，为了使水准管轴与视准轴的联系比较稳固，这些部件采用因瓦合金钢制造，并把镜筒和框架整体装置在一个隔热性能良好的套筒内，以防止由于温度的变化，使仪器有关部件产生不同程度的膨胀或收缩，而引起 i 角的变化。

但是当温度变化时，完全避免 i 角的变化是不可能的，例如仪器受热的部位不同，对 i 角的影响也显然不同，当太阳射向物镜和目镜端时，影响最大，旁射水准管一侧时，影响较小，旁射与水准管相对的另一侧时，影响最小。因此，温度的变化对 i 角的影响是极其复杂的，试验结果表明，当仪器周围的温度均匀地每变化 1℃ 时，i 角将平均变化约 $0.5''$，有时甚至更大些，可达 $1''\sim2''$。

由于 i 角受温度变化的影响很复杂，因而对观测高差的影响难以用改变观测程序的办法来完全消除，而且，这种误差的影响在往返测不符值中也不能完全被发现，这就使高差中数受到系统性的误差影响，因此，减弱这种误差影响最有效的方法是减少仪器受辐射热的影响，如观测时打伞，避免日光直接照射仪器，以减小 i 角的复杂变化，同时，在观测开始前应将仪器预先从箱中取出，使仪器与周围空气温度一致。

如果我们认为在观测的较短时间段内，由于受温度的影响，i角与时间成正比例地均匀变化，则可以采取改变观测程序的方法在一定程度上来消除或减弱这种误差对观测高差的影响。

两相邻测站Ⅰ、Ⅱ对于基本分划如按下列①、②、③、④程序观测，即

在测站Ⅰ上：①后视，②前视；

在测站Ⅱ上：③前视，④后视。

则由图6-22可知，对测站Ⅰ、Ⅱ观测高差的影响分别为：$-S(i_2-i_1)$和$+S(i_4-i_3)$，S为视距，i_1、i_2、i_3、i_4为相应于每次中丝读数时的i角。

图6-22　温度变化对i角的影响

由于我们认为在观测的较短时间段内，i角与时间成正比例地均匀变化，所以(i_2-i_1) = (i_4-i_3)，由此可见在测站Ⅰ、Ⅱ的观测高差之和中就抵消了由于i角变化的误差影响。但是，由于i角的变化不可能完全按照与时间成比例地均匀变化，因此，严格地说，(i_2-i_1)与(i_5-i_3)不一定完全相等，再者相邻奇偶测站的视距也不一定相等，所以按上述程序进行观测，只能说基本上消除了由于i角变化的误差影响。

根据同样的道理，对于相邻测站Ⅰ、Ⅱ辅助分划的观测程序应为

在测站Ⅰ上：①前视，②后视；

在测站Ⅱ上：③后视，④前视。

综上所述，在相邻两个测站上，对于基本分划和辅助分划的观测程序可以归纳为：

奇数站的观测程序：

后(基)-前(基)-前(辅)-后(辅)；

偶数站的观测程序：

前(基)-后(基)-后(辅)-前(辅)。

所以，将测段的测站数安排成偶数，对于削减由于i角变化对观测高差的误差影响也是必要的。

(四) 电磁场对水准测量的影响

在国民经济建设中敷设大功率、超高压输电线，为的是使电能通过空中电线或地下电缆向远距离输送，根据研究发现，输电线经过的地带所产生的电磁场，对光线，其中包括对水准测量视线位置的正确性有系统性的影响，并与电流强度有关。输电线所形成的电磁场对平行于电磁场和正交于电磁场的视线将有不同影响，因此，在设计高

程控制网布设水准线路时,必须考虑到通过大功率、超高压输电线附近的视线直线性所发生的重大变形。

根据近几年来初步研究的结果指出,为了避免这种系统性的影响,在布设与输电线平行的水准线路时,必须使水准线路离输电线50m以外,如果水准线路与输电线相交,则其交角应为直角,跨线应将水准仪严格地安置在输电线的正下方,这样,照准后视和前视水准标尺的视线直线性的变形可以互相抵消。

三、观测误差的影响

精密水准测量的观测误差,主要有水准器气泡居中的误差、照准水准标尺上分划的误差和读数误差。这些误差都具有偶然误差性质,由于精密水准仪有微倾螺旋和符合水准器,并有光学测微器装置,可以提高水准器气泡居中的精度和读数精度,同时用楔形丝照准标尺上的分划线,可以减小照准误差,因此,这些误差影响都可以有效地控制在很小的范围内。根据试验结果分析表明,这些误差对每测站上由基辅分划所得观测高差的平均值的影响还不到0.1mm。

作为水准测量的作业人员,在进行水准测量时,必须要熟记有关规范的具体规定,并严格遵守其规定。测量规范中的这些规定,都是基于对测量误差来源及影响进行充分分析的前提下制定的。

【项目小结】

本项目主要介绍常规精密高程控制测量(即精密水准测量)作业的基本原理、方法、内容及工作过程,包括精密水准测量基本仪器的使用、外业观测的误差来源、影响规律及减弱(或消除)方法,精密水准测量技术设计、外业实施、内业计算的基本方法、原理和作业过程。

【课后习题】

1. 进行高程测量通常有哪几种方法?
2. 高程基准面指的是什么?是如何确定的?
3. 国家高程控制网的布设原则是什么?
4. 简述水准测量的实施工作程序。
5. 精密水准仪的特点是什么?
6. 精密水准尺的特点是什么?
7. 精密水准尺的底面应满足什么技术要求?
8. 精密水准测量作业有哪些规定?
9. 精密水准测量主要误差有哪些?针对这些误差的影响,通常要采取什么措施?
10. 1956年黄海高程系和1985国家高程基准的主要区别是什么?
11. 何谓验潮?它对测绘工作有何用?
12. i角的定义,它对水准测量有什么影响?对此通常采取什么措施?
13. 理解概念:标尺零点误差、一对标尺零点不等差、标尺基辅常数。

14. 为消除标尺零点误差对水准测量的影响,在观测时应采取什么措施?
15. 环境温度变化,i 角要变化,如何消除其对水准测量的影响?
16. 大气垂直折光对水准测量的影响是系统性的,如何减弱其对水准测量的影响?
17. 针对观测过程中的标尺和仪器的垂直位移,应采取什么措施?
18. 精密水准测量为什么要求往、返测要在不同的光段内进行?
19. 精密水准测量中,随着观测员的读数进程,记录员都应做什么检核?

项目 7 三角高程测量

【项目简介】

本项目主要介绍垂直角的观测方法(中丝法、三丝法),以及电磁波测距三角高程测量的基本原理,外业测量及计算的方法。

【教学目标】

通过本项目的学习,使学生能够利用全站仪采用三角高程测量的方法进行高程控制测量,并了解传统精密光学经纬仪观测垂直角的方法以及电磁波测距三角高程测量精度分析的方法。

任务 7.1 三角高程测量技术要求

采用三角高程测量方式做高程控制测量时,距离测量一般采用电磁波测距技术,因此,三角高程测量一般也称为电磁波测距三角高程测量。电磁波测距三角高程测量,宜在平面控制点的基础上布设成三角高程网或高程导线。

一、主要技术要求

根据《城市测量规范》(CJJ/T 8—2011)的要求,在技术方面,电磁波测距三角高程测量应符合表 7-1 的规定。

表 7-1 　　　　　电磁波测距三角高程测量的主要技术要求

等级	每千米高差全中误差(mm)	边长(km)	观测方式	对向观测高差较差(mm)	附合或环形闭合差(mm)
四等	10	≤1	对向观测	$40\sqrt{D}$	$20\sqrt{\sum D}$
等外	15	≤1	对向观测	$60\sqrt{D}$	$30\sqrt{\sum D}$

注:①D 为电磁波测距边长度(km);
②起讫点的精度等级,四等应起讫于不低于三等水准的高程点上,五等应起讫于不低于四等的高程点上;
③线路长度不应超过相应等级水准路线的总长度。

二、观测技术要求

电磁波测距三角高程观测的主要技术要求，应符合表 7-2 的规定。

表 7-2 　　　　　　　电磁波测距三角高程观测的主要技术要求

等级	垂直角观测				边长测量	
	仪器精度	测回数	指标差较差(″)	测回较差(″)	仪器精度等级	观测次数
四等	2″级	3	≤7″	≤7″	≤10mm 级仪器	往返各一次
等外	2″级	2	≤10″	≤10″	≤10mm 级仪器	往一次

注：①当采用 2″级光学经纬仪进行垂直角观测时，应根据仪器的垂直角检测精度，适当增加测回数。
②垂直角的对向观测，当直觇完成后应即刻迁站进行反觇测量。
③仪器、反光镜或觇牌的高度，应在观测前后各量测一次并精确至 1mm，取平均值作为最终高度。

三、数据处理要求

电磁波测距三角高程测量的数据处理，应符合下列规定：
(1) 直返觇的高差，应进行地球曲率和折光差的改正。
(2) 平差前应计算每千米高差全中误差。
(3) 各等级高程网，应按最小二乘法进行平差并计算每千米高差全中误差。
(4) 高程成果的取值，应精确至 1mm。

任务 7.2　精密光学经纬仪垂直角观测

一、垂直角和指标差的计算公式

不同类型仪器垂直度盘的分划注记形式各不相同。图 7-1 为 J1 型仪器 T3 经纬仪的垂直度盘分划注记示意图，度盘分两个弧段按逆时针方向自 55°~125°注记，对径分划注记相同，度盘将 2°的实际格值注记为 1°，因此度盘上从 55°~125°的名义间隔值 70°实际为 140°。当视线水平，指标水准器气泡居中时，度盘读数为 90°。

实际上，由于垂直度盘读数中部件的关系不正确，其读数为 90°的整倍数的条件通常是不满足的，从而产生指标差。由于指标差的存在，将使视线水平时的读数增大或减小一个数值。当存在指标差 i 时，盘左位置的正确垂直角值为

$$\alpha = 2(L - 90°) - i \tag{7-1}$$

盘右位置的正确垂直角值为

图 7-1　J1 型仪器 T3 经纬仪的垂直度盘分划注记

$$\alpha = 2(90° - R) + i \tag{7-2}$$

由式(7-1)和式(7-2)可得 J1 型仪器垂直角和指标差的公式

$$\alpha = L - R \tag{7-3}$$

$$i = L + R - 180° \tag{7-4}$$

可见，指标差本身的大小并不影响观测结果的精度，它可在盘左、盘右垂直角的平均值中得以消除。

J2 型仪器的垂直度盘分划注记如图 7-2 所示，度盘分划线由 0°～360°以顺时针方向注记，其垂直角和指标差的计算公式分别为

$$\alpha = \frac{1}{2}(R - L - 180°) \tag{7-5}$$

$$i = \frac{1}{2}(L + R - 360°) \tag{7-6}$$

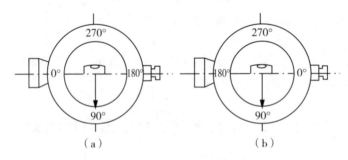

图 7-2　J2 型仪器的垂直度盘分划注记

二、垂直角的观测方法

垂直角的观测方法有中丝法和三丝法两种。

(一)中丝法

中丝法也称单丝法，就是以望远镜十字丝的水平中丝照准目标，进行垂直角观测。一个测回的观测程序如下：

在盘左位置，用水平中丝照准目标一次，如图 7-3(a)所示，使指标水准器气泡精密符合，读取垂直度盘读数，得盘左读数 L。

在盘右位置，按盘左时的方法进行照准和读数，得盘右读数 R。照准目标如图 7-3(b)所示。

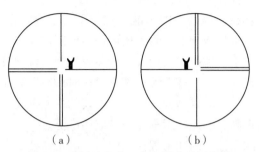

(a)   (b)

图 7-3 中丝法盘左、盘右照准目标位置

(二)三丝法

三丝法就是以上、中、下三条水平横丝依次照准目标。一个测回的观测程序如下：

在盘左位置，按上、中、下三条水平横丝依次照准同一目标各一次，如图 7-4(a)所示，使指标水准器气泡精密符合，分别进行垂直度盘读数，得三丝盘左读数 L。

在盘右位置，再按上、中、下三条水平横丝依次照准同一目标各一次，如图 7-4(b)所示，使指标水准器气泡精密符合，分别进行垂直度盘读数，得三丝盘右读数 R。

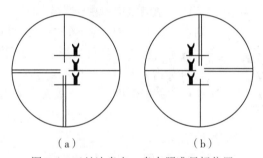

(a)   (b)

图 7-4 三丝法盘左、盘右照准目标位置

在一个测站上观测时，一般将观测方向分成若干组，每组包括 2~4 个方向，分别进行观测，如通视条件不好，也可以分别对每个方向进行连续照准观测。

根据具体情况，在实际作业时可灵活采用上述两种方法，如 T3 光学经纬仪仅有一条水平横丝，在观测时只能采用中丝法。

任务 7.3 电磁波测距三角高程测量

一、电磁波测距三角高程测量概述

三角高程测量的基本原理是由测站向照准点所观测的垂直角(或天顶距)和它们之间

的水平距离，计算测站点与照准点之间的高差。它与水准测量相比，虽然精度较低，但是其优点也相当明显，如：效率高、适合在起伏较大的地区获得高差或高程。三角高程测量是进行高程控制测量的一种辅助方法，主要用来测定平面控制点的高程，有时也布设专门的高程导线。实践证明：在一定密度的水准点控制下，注意防止三角高程测量粗差的产生，精度可以达到四等，也是能满足测绘大比例尺地形图需要的。

在丘陵地区或山区，由于地面起伏较大，或高程控制点位于较高处，用水准测量进行高程控制测量时难度大且速度慢，甚至无法施测，这时一般采取在加密水准网控制下，采用三角高程测量的方法测定控制点高程。随着全站仪的快速发展，全站仪三角高程测量更简单、方便，效率大大提高，因此在工程建设中应用广泛。

就目前而言，对于测图控制网和工程控制网，在满足精度要求的前提下，应较多地采用三角高程测量进行高程控制。

三角高程测量的用途主要有两点：

(1)有一些高程控制网，如果精度要求较低或地势起伏较大，没必要或不方便实施水准测量方法，可用三角高程测量方法获得控制点高差或高程。

(2)某些平面控制网需要进行观测值的概算，此时需要控制点的概略高程，那么三角高程方法是首选方法。

二、三角高程测量的计算公式

图 7-5 三角高程测量原理

在控制测量中，由于测点间距离过长，因此精密三角高程测量计算公式推算必须以椭球面为依据，并考虑地球曲率和大气垂直折光对高程的影响。如图 7-5 所示，d_0 为 A、B 两点间的实测水平距离。仪器置于 A 点，仪器高为 i_A，B 点为照准点，觇标高度为 v_B，R 为参考椭球面上 $A'B'$ 的曲率半径，PE、AF 分别为过 P 点和 A 点的水准面，PC 是 PE 在 P 点的切线，弧 PN 为光程曲线。当位于 P 点的望远镜指向与 PN 相切的 PM 方向时，由于大气折光影响，由 N 点折射出的光线正好落在望远镜的横丝上。观测后测得 P、N 点间的垂直角为 α_{AB}。如图 7-5 所示，设 S 为 A、B 两点间的实测斜距，则水平距离为 $d_0 = S\cos\alpha_{AB}$，由图可看出：

$$h_{AB} = FB = FE + EC + CM - MN - NB \quad (7-7)$$

式中：FE——仪器高 i_A；

NB——觇标高度 v_B；

EC——地球曲率对观测高差的影响；

MN——大气垂直折光对观测高差的影响。

$$EC = \frac{d_0^2}{2(R+H_A)}; \quad MN = \frac{Kd_0^2}{2(R+H_A)} \quad (7-8)$$

其中，R——测线方向的椭球曲率半径；

K——大气垂直折光系数，一般根据不同地形选取，取值范围为 $0.07 \sim 0.16$。

海拔高的地区小于海拔低的地区，干燥的地区小于潮湿的地区，在一天当中，中午前后最小且比较稳定，日出日落时较大且极不稳定。按我国中部和西部地区大面积二等三角网的统计资料分析，可认为：沙漠地区 $K=0.07\sim0.10$；平原地区 $K=0.11\sim0.13$；沼泽森林区 $K=0.14\sim0.15$；水网湖泊区 $K=0.15\sim0.16$。在应用时，可根据这些规律性和经验值，结合测区天气的具体情况选择合适的 K 值。但大气垂直折光系数 K，是随地区、气候、季节、地面覆盖物和视线超出地面高度等条件不同而变化的，要精确测定它的数值，目前尚不可能。通过实验发现，K 值在一天内的变化，大致在中午前后数值最小，也较稳定；日出、日落时数值最大，变化也快。

由于 $\dfrac{d_0}{R}$ 较小，可以认为 $\angle PCM \approx 90°$，则有 $CM = d_0\tan\alpha_{AB}$，将各式代入式（7-7）中，得

$$h_{AB} = d_0\tan\alpha_{AB} + i_A - v_B + \frac{1-K}{2(R+H_A)}d_0^2 \tag{7-9}$$

由于 H_A 对高差计算影响不大，可取近似值，常用测线平均高程 H_m 代替。

令 $C = \dfrac{1-K}{2R}$，C 称为球气差系数，则式（7-9）可写为

$$h_{AB} = d_0\tan\alpha_{AB} + i_A - v_B + C\left(1-\frac{H_m}{R}\right)d_0^2 \tag{7-10}$$

式（7-10）即精密三角高程测量计算公式。

目前全站仪的发展异常迅速，不但测角、测距精度高，而且使用十分方便，因此，当前采用全站仪进行三角高程测量已相当普遍。实验结果表明，当垂直角观测精度 $m_\alpha \leqslant \pm 2.0''$、边长在 2km 范围内，全站仪三角高程完全可以替代四等水准测量。如果缩短边长或提高垂直角的测定精度，还可以进一步提高其测量的精度。如 $m_\alpha \leqslant \pm 1.5''$，边长在 3.5km 范围内可达到四等水准测量的精度；边长在 1.2km 范围内可达到三等水准测量的精度。

在 $d_0 \leqslant 2\mathrm{km}$，$H_m \leqslant 1000\mathrm{m}$ 时，式（7-10）可化简为

$$h_{AB} = d_0\tan\alpha_{AB} + i_A - v_B + Cd_0^2 \tag{7-11}$$

式（7-11）即是短边测量中常用的单向观测三角高程的高差计算公式。

三、对向观测高差计算

为了提高高差测量精度，在三角高程测量施测时一般采取对向观测，也就是在测站 A 上向 B 点观测垂直角 α_{AB}，而在测站 B 上也向 A 点观测垂直角 α_{BA}，按式（7-11）有下列两个计算高差的式子。

由测站 A 观测 B 点测得往测高差为

$$h_{AB} = d_0\tan\alpha_{AB} + i_A - v_B + C_{AB}d_0^2 \tag{7-12}$$

则测站 B 观测 A 点测得返测高差为

$$h_{BA} = d_0\tan\alpha_{BA} + i_B - v_A + C_{BA}d_0^2 \tag{7-13}$$

这里 C_{AB}、C_{BA} 分别表示往测、返测的球气差系数，如果在相同外界条件下观测，特别是在同一时间做对向观测，则认为垂直折光系数 K 值对于对向观测是相同的，因此 C_{AB}

$= C_{BA}$，则取往返测高差均值为 A、B 的高差，即为

$$h_{AB(对向)} = \frac{1}{2}d_0(\tan\alpha_{AB} - \tan\alpha_{BA}) + \frac{1}{2}(i_A - i_B + v_A - v_B) \tag{7-14}$$

由式(7-14)可看出，球气差的影响在往返对向观测的高差中数中完全消除了。

四、全站仪三角高程测量

随着全站仪测量精度的不断提高和应用的不断普及，应用全站仪集成的精确测角和高精度测距功能可以方便快捷地进行三角高程测量。常见的全站仪三角高程测量方法有直返觇法和中点单觇法两种。

(一) 直返觇法

直返觇法即对向观测，在每点设站，对向观测垂直角 α 和平距 D 的三角高程测量。相邻测站间单向观测高差为

$$h = D\tan\alpha + i - v + \frac{1-K}{2R}D^2 \tag{7-15}$$

相邻测站间对向观测高差中数 $h_中$ 为

$$h_中 = \frac{h_往 - h_返}{2} \tag{7-16}$$

式中 $h_往$、$h_返$ 为往、返测单向观测高差。

(二) 中点单觇法

中点单觇法即在两点之间设站进行观测。如图 7-6 所示，在已知高程点 A 和待定高程点 B 上分别安置反光棱镜，在 A、B 的大致中间位置选择与两点均通视的 O 点安置全站仪，观测垂直角 α 和平距 D，并量取仪器高 i 和觇标高 v，根据三角高程测量原理，O、A 两点的高差 h_1 为

$$h_1 = D_1\tan\alpha_1 + i - v_1 + C_1D_1^2$$

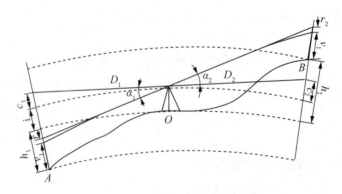

图 7-6　三角高程测量中点单觇法示意图

同理 O、B 两点的高差 h_2 为

$$h_2 = D_2\tan\alpha_2 + i - v_2 + C_2D_2^2$$

则 A、B 两点间高差 h_{12} 为

$$h_{12} = h_2 - h_1 = D_2\tan\alpha_2 - D_1\tan\alpha_1 + v_1 - v_2 + C_2D_2^2 - C_1D_1^2 \tag{7-17}$$

若前后视大气垂直折光影响相同，则式(7-17)可简化为

$$h_{12} = h_2 - h_1 = D_2\tan\alpha_2 - D_1\tan\alpha_1 + v_1 - v_2 + \frac{1}{2R}(D_2^2 - D_1^2) \tag{7-18}$$

采用全站仪中点单觇法测量高差，相邻两点间可以不通视，可灵活选取测站点位置，测站不需对中，不量取仪器高，可节约时间，降低劳动强度，较对向观测更具明显优势。规范要求，中点单觇法采用单程双测法，即每站变换仪器高或仪器位置观测两次（即两组数据取平均值作为高差结果）。

五、三角高程测量的精度

1. 观测高差中误差

三角高程测量的精度受垂直角观测误差、仪器高和觇标高的量测误差、大气折光误差和垂线偏差变化等诸多因素的影响，而大气折光和垂线偏差的影响可能随地区不同而有较大的变化，尤其大气折光的影响与观测条件密切相关，如视线超出地面的高度等。因此不可能从理论上推导出一个普遍适用的计算公式，而只能根据大量实测资料进行统计分析，才有可能求出一个大体上足以代表三角高程测量平均精度的经验公式。

根据各种不同地理条件的约20个测区的实测资料，对不同边长的三角高程测量的精度进行统计，得出下列经验公式

$$M_h = P \cdot s \tag{7-19}$$

式中，M_h 为对向观测高差中数的中误差；s 为边长，以 km 为单位；P 为每千米的高差中误差，以 m/km 为单位。

根据资料的统计结果表明，P 的数值在 0.013~0.022 之间变化，平均值为 0.018，一般取 $P = 0.02$。考虑到三角高程测量的精度在不同类型的地区和不同的观测条件下可能有较大的差异，现从最不利的观测条件来考虑，取 $P = 0.025$ 作为最不利条件下的系数，即

$$M_h = 0.025s \tag{7-20}$$

公式(7-20)说明高差中误差与边长成正比例的关系，对短边三角高程测量精度较高，边长愈长精度愈低，当平均边长为 8km 时，高差中误差为 ±0.20m；平均边长为 4.5km 时，高差中误差约为 0.11m。可见三角高程测量用短边传递高程较为有利。为了控制地形测图，要求高程控制点高程中误差不超过测图等高的 $\frac{1}{10}$，对等高距为 1m 的测图，则要求 $M_h \leq \pm 0.1\text{m}$。

式(7-20)就是计算对向观测高差中误差的公式。

2. 对向观测高差闭合差的限差

同一条观测边上对向观测高差的绝对值应相等，或者说对向观测高差之和应等于零，但实际上由于各种误差的影响不等于零，而产生所谓对向观测高差闭合差。对向观测也称

往返测,所以对向观测高差闭合差也称为往返测高差闭合差,以 W 表示,即

$$W = h_{1,2} + h_{2,1} \qquad (7\text{-}21)$$

以 m_W 表示闭合差 W 的中误差,以 m_{h_0} 表示单向观测高差 h 的中误差,则由式(7-17)得

$$m_W^2 = 2m_{h_0}^2$$

取两倍中误差作为限差,则往返测观测高差闭合差 $W_{限}$ 为

$$W_{限} = 2m_W = \pm 2\sqrt{2}\, m_{h_0} \qquad (7\text{-}22)$$

若以 M_h 表示对向观测高差中误差,则单向观测高差中误差可以写为

$$m_{h_0} = \sqrt{2}\, M_h$$

顾及式(7-20),则上式为

$$m_{h_0} = 0.025\sqrt{2}\, s$$

再将上式代入式(7-22)得

$$W_{限} = \pm 2\sqrt{2} \times 0.025\sqrt{2}\, s = \pm 0.1 s \qquad (7\text{-}23)$$

式(7-23)就是计算对向观测高差闭合差限差的公式。

3. 环线闭合差的限差

如果若干条对向观测边构成一个闭合环线,其观测高差的总和应该等于零,当这一条件不能满足时,就产生环线闭合差。最简单的闭合环是三角形,这时的环线闭合差就是三角形高差闭合差。

$$W = h_1 + h_2 + h_3$$

以 m_W 表示环线闭合差中误差;m_{h_1} 表示各边对向观测高差中数的中误差,则

$$m_W^2 = m_{h_1}^2 + m_{h_2}^2 + m_{h_3}^2$$

对向观测高差中误差 m_{h_1} 可用式(7-20)代入,再取两倍中误差作为限差,则环线闭合差限差 $W_{限}$ 为

$$W_{限} = 2m_W = \pm 0.05\sqrt{\sum s_i^2} \qquad (7\text{-}24)$$

六、三角高程测量算例

计算应在外业观测资料经检查正确无误后进行。就目前而言,对于短边三角高程测量通常都采用全站仪进行外业观测,以下为蝎子山三角高程测量算例。

1. 抄录数据

首先应从观测记录本上将观测数据抄录下来,某段往返测数据见表 7-3。

表 7-3 蝎子山三角高程测量观测数据

点名	W65	蝎子山
斜距边长	2480.020m	2480.026m
竖直角	+1°48′53″	−1°50′10″
仪器高	1.491m	1.605m
棱镜高	1.625m	1.467m

抄录的数据应反复检核,确认无误后方可进行下一步计算。

2. 高差计算

目前通常采用计算机程序计算三角高程,如计算量较小,也可采用手工计算。手工计算可用公式(7-25),算例见表7-4。

$$h_{AB} = s\sin\alpha_{AB} + i_A - v_B + Cs^2\cos\alpha_{AB} \tag{7-25}$$

表7-4　　　　　　　　　　三角高程计算表

边名	W65—蝎子山		备注
测向	往	返	
观测斜距 $s(m)$	2480.020	2480.026	
竖直角 α	$+1°48'53''$	$-1°50'10''$	
仪器高 $i(m)$	1.491	1.605	
棱镜高 $v(m)$	1.625	1.467	$C=6.9068\times10^{-8}$, 取 $K=0.12$, $R=6370520m$
$h'=s\sin\alpha+i-v$	78.402	−79.324	
$E=Cs^2\cos^2\alpha$	0.424	0.424	
$h=h'+E$	78.826	−78.900	
往返不符值 $h_{往}+h_{返}$	−0.074		
高差中数 $\dfrac{h_{往}-h_{返}}{2}$	78.863		

【项目小结】

三角高程测量的基本思想是根据由测站向照准点所观测的垂直角(或天顶距)和它们之间的水平距离,计算测站点与照准点之间的高差。这种方法简便灵活,受地形条件的限制较少,故适用于测定三角点的高程。三角点的高程主要是作为各种比例尺测图的高程控制的一部分。一般都是在一定密度的水准网控制下,用三角高程测量的方法测定三角点的高程。

【课后习题】

1. 就目前而言,哪些工程控制网适合采用三角高程测量?
2. 何谓电磁波测距三角高程?讨论研究这种方法有什么意义?试推导其高差计算公式。

项目 8　椭球计算与高斯投影

【项目简介】

本项目首先讲述了旋转椭球的概念，测量常用坐标系及其转换；其次讲述了工程坐标系建立的原理和方法；最后讲述了将导线外业地面观测元素(水平方向及斜距等)归算至椭球面上，及将椭球面上观测元素归算到高斯平面上的方法。

【教学目标】

使学生了解椭球面的几何特征，掌握高斯正反算，掌握高斯投影的性质和我国常用坐标系统及其换算，并能利用软件完成测量坐标数据转换。

任务 8.1　椭球面的几何特征与常用坐标系

一、椭球面的几何特征

地球表面是极其不规则的，有高山、丘陵、平原、盆地、海洋等起伏变化，但这种起伏变化和庞大的地球半径(约 6371km)比较起来是很小的。同时，就地球表面而言，海洋面积约占 71%，陆地面积仅占 29%，所以海水面所包围的形体基本上代表了地球的形状和大小。于是假想有一个静止的平均海水面，延伸至陆地下面形成一个封闭的曲面，这个曲面称为大地水准面(任一静止的液体表面称作水准面)。对不同的国家或地区来说，通过测验潮汐，确定平均海水面，作为该国家或地区的大地水准面。大地水准面所包围的形体称为大地体，大地体就代表了地球的形状和大小。

根据水准面的定义，水准面是处处与铅垂线(重力作用线)垂直的曲面。大地水准面属于水准面，所以也要满足水准面处处与铅垂线垂直的特性。由于地球内部物质分布不均匀，使铅垂线方向产生不规则变化，所以大地水准面也是一个有微小起伏的不规则曲面。为了测量计算的方便，人们选择了一个与大地体形状和大小较为接近表面规则的形体——旋转椭球来代替大地体，通过定位使旋转椭球与大地体的相对位置固定下来。这样，借助有规则形状的旋转椭球来确定地球表面的点位。我们把选定了形状和大小并在地球上定位的旋转椭球称为参考椭球。参考椭球的表面是一个规则的数学曲面，它是测量计算和投影制图所依据的面。扫描右侧二维码可查看椭球面几何参数及常用坐标系。

(一) 椭球上的点和线

(1)南、北极：椭球短轴的两端点，S 在南称南极，N 在北称北极。

(2)子午线(经线)：包含短轴 NS 的平面称为子午面，子午面与椭球相截所得的曲线称为子午线(也称子午圈)；图 8-1 中 NKS 表示 K 点的子午线，同一条子午线上经度是相等的，故子午线又称为经线。

(3)平行圈(纬线)：垂直于短轴 NS 的平面与椭球面相截的圆称为平行圈。图 8-1 中的 QKQ′ 表示 K 点的平行圈；同一条平行圈上各点的纬度是相等的，故平行圈又称纬线。

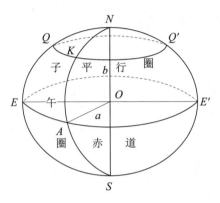

图 8-1 椭球上点、线示意图

(4)赤道：通过椭球中心 O 的平行圈称为赤道(图 8-1 中的 EAE′)，赤道上各点上的纬度等于零。

(5)法线：通过椭球面上任一点 P 可做一平面与椭球面相切，过 P 点做一垂直于切平面的直线，称为 P 点法线(如图 8-2 所示)，法线与椭球短轴必然相交，但一般不交于椭球中心。

(6)法截面与法截线：包含 P 点法线 PK(如图 8-2 所示)的平面称为法截面。法截面与椭球面相截得出的曲线叫做法截线。

(7)卯酉面与卯酉线：与子午面相垂直的法截面称为卯酉面(如图 8-2 所示)，卯酉面与椭球相截得出的曲线称为卯酉线，也称为卯酉圈。

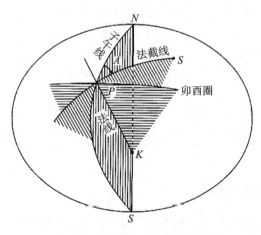

图 8-2 法截线、卯酉圈示意图

(8) 大地线：椭球面上两点间的最短程曲线叫做大地线。在椭球面上进行测量计算时，地面上测得的观测元素(水平方向及水平距离)应当归算成相应大地线的方向和距离。

(二) 地球椭球的基本几何参数

确定椭球形状和大小的基本元素有长半轴、短半轴、扁率、第一偏心率、第二偏心率。

旋转椭球体有五个基本的几何参数：

①长半轴 a；

②短半轴 b；

③扁率 $\alpha = \dfrac{a-b}{a}$； (8-1)

④第一偏心率 $e = \dfrac{\sqrt{a^2-b^2}}{a}$； (8-2)

⑤第二偏心率 $e' = \dfrac{\sqrt{a^2-b^2}}{b}$。 (8-3)

其中 a、b 称为长度元素；扁率 α 反映了椭球体的扁平程度，其值越大则椭球体就越扁；偏心率 e 和 e' 分别是椭圆的焦点离开中心的距离与椭圆长半径、短半径之比，它们也反映了椭球体的扁平程度，偏心率越大，则椭球体越扁。

两个常用的辅助函数中，W 为第一基本纬度函数，V 为第二基本纬度函数：

$$W = \sqrt{1 - e^2 \sin^2 B}$$
$$V = \sqrt{1 - e'^2 \cos^2 B} \tag{8-4}$$

我国建立 1954 年北京坐标系应用的是克拉索夫斯基椭球；建立 1980 年国家大地坐标系应用的是 1975 年国际椭球；而全球定位系统(GPS)应用的是 WGS-84 椭球。常见的椭球体参数值如表 8-1 所示。

表 8-1　　　　　　　　　　几种常见的椭球体参数值

	克拉索夫斯基椭球体	1975 年国际椭球体	WGS-84 椭球体
a	6 378 245.000 000 000 0(m)	6 378 140.000 000 000 0(m)	6 378 137.000 000 000 0(m)
b	6 356 863.018 773 047 3(m)	6 356 755.288 157 528 7(m)	6 356 752.314 2(m)
c	6 399 698.901 782 711 0(m)	6 399 596.651 988 010 5(m)	6 399 593.625 8(m)
α	1/298.3	1/298.257	1/298.257 223 563
e^2	0.006 693 421 622 966	0.006 694 384 999 588	0.006 694 379 901 3
e'^2	0.006 738 525 414 683	0.006 739 501 819 473	0.006 739 496 742 27

(三) 参考椭球和总地球椭球

选好一定形状和大小的椭球后，还不能直接在它上面计算点位坐标，这是因为我们外业测量的成果不是以这个表面为根据的，而是以大地水准面为基准的；所以需要将以大地水准面为基准的野外观测成果化算到这个表面上,才能进行观测数据的处理及坐标的计算。要做到这一点只选定椭球面的形状和大小是不够的,还必须将它与大地水准面在位置上的关系确定下来,这项工作称为椭球定位。我们把形状和大小与大地体(大地水准面包围地球所形成的封闭曲面)相近并且两者之间的相对位置确定的旋转椭球称为参考椭球,世界各国都根据本国的地面测量成果选择一种适合本国要求的参考椭球,因而参考椭球有许多个,各国参考椭球确定的原则是要求参考椭球与本国领域内的局部大地水准面最为接近,这样地面点之间的实际距离才能同依据坐标反算计算的距离相一致,这样对测绘工作较为方便。

然而当我们将各国的测量成果联系起来进行国际间的合作时,参考椭球的不同又带来了不便,因此,从全球着眼,必须寻求一个和整个大地体最为接近的参考椭球,称为总地球椭球,总地球椭球的确定,必须以全球范围的大地测量和重力测量资料为根据,总地球椭球应满足下列具体条件:

(1)总地球椭球中心应与地球质量中心重合;
(2)总地球椭球的旋转轴应与地轴重合,赤道应与地球赤道一致;
(3)总地球椭球的体积应与大地体的体积相等,各点大地水准面与总地球椭球面之间的高差平方和为最小。

二、椭球面上常用坐标系及其换算

(一)椭球面上常用坐标系

建立在地球上的坐标系保持着与地球的固定关系,称之为地固坐标系,而地固坐标系又包括地心坐标系和参心坐标系,把坐标系的原点设在地球质量中心的坐标系称为地心坐标系;而把坐标系的原点设在参考椭球中心的坐标系称为参心坐标系。

地心坐标系又可分为地心大地坐标系、地心空间直角坐标系和地心高斯平面直角坐标系;参心坐标系同样可分为参心大地坐标系、参心空间直角坐标系和参心高斯平面直角坐标系。参心坐标系和地心坐标系的建立都考虑到了地球本身的形状和大小,这两种坐标系可用于大范围的测量工作计算。

当测区控制面积较小时,可直接把局部地球表面视为平面,建立独立的平面直角坐标系。这种坐标系由于没有考虑到地球本身的形状和大小,因而只能用于小范围测量工作,如果测区范围较大,采用该种坐标系会产生较大的误差。

1. 大地坐标系

如图8-3所示,P点的子午面NPS与起始子午面NGS所构成的二面角L,叫做P点的大地经度,由起始子午面起算,向东为正,叫东经($0°\sim180°$);向西为负,叫西经($0°\sim180°$)。P点的法线P_n与赤道面的夹角B,叫做P点的大地纬度。由赤道面起算,向北为正,叫北纬($0°\sim90°$);向南为负,叫南纬($0°\sim90°$)。

大地坐标系是用大地经度L、大地纬度B和大地高H表示地面点位的。过地面点P的子午面与起始子午面间的夹角叫P点的大地经度。由起始子午面起算,向东为正,叫东经($0°\sim180°$);向西为负,叫西经($0°\sim-180°$)。过P点的椭球法线与赤道面的夹角叫P点的大地纬度。由赤道面起算,向北为正,叫北纬($0°\sim90°$);向南为负,叫南纬($0°\sim-90°$)。从

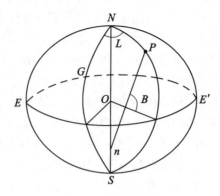

图 8-3 大地坐标系

地面点 P 沿椭球法线到椭球面的距离叫大地高。大地坐标系中，P 点的位置用 L，B 表示。如果点不在椭球面上，表示点的位置除 L，B 外，还要附加另一参数——大地高 H。

2. 空间直角坐标系

如图 8-4 所示，以椭球体中心 O 为原点，起始子午面与赤道面交线为 X 轴，在赤道面上与 X 轴正交的方向为 Y 轴，椭球体的旋转轴为 Z 轴，构成右手坐标系 $O\text{-}XYZ$，在该坐标系中，P 点的位置用 X，Y，Z 表示。

地球空间直角坐标系的坐标原点位于地球质心（地心坐标系）或参考椭球中心（参心坐标系），Z 轴指向地球北极，X 轴指向起始子午面与地球赤道的交点，Y 轴垂直于 XOZ 面并构成右手坐标系。

3. 子午面直角坐标系

如图 8-5 所示，设 P 点的大地经度为 L，在过 P 点的子午面上，以子午圈椭圆中心为原点，建立 (x, y) 平面直角坐标系。在该坐标系中，P 点的位置用 (L, x, y) 表示。

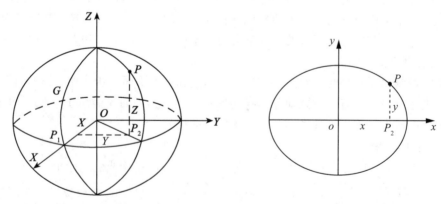

图 8-4 空间直角坐标系　　　　图 8-5 子午面直角坐标系

4. 大地极坐标系

如图 8-6 所示，M 为椭球体面上任意一点，MN 为过 M 点的子午线，S 为连接 MP 的大地线长，A 为大地线在 M 点的方位角。以 M 为极点，MN 为极轴，S 为极半径，A 为极角，这样就构成了大地极坐标系。在该坐标系中 P 点的位置用 (S, A) 表示。

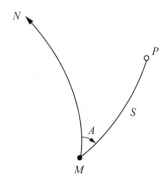

图 8-6　大地极坐标系

椭球面上点的极坐标 (S,A) 与大地坐标 (L,B) 可以互相换算,这种换算叫做大地主题解算。

(二)椭球面上常用坐标系的换算

椭球面上的点位可在各种坐标系中表示,由于所用坐标系不同,表现出来的坐标值也不同。

1. 子午面直角坐标系同大地坐标系的关系

过 P 点作法线 P_n,它与 x 轴之夹角为 B,过 P 点作子午圈的切线 TP,它与 x 轴的夹角为 $(90°+B)$,如图 8-7 所示。子午面直角坐标 x,y 同大地纬度 B 的关系式如下:

$$x = \frac{a\cos B}{\sqrt{1-e^2\sin^2 B}} = \frac{a\cos B}{W}$$

$$y = \frac{a(1-e^2)\sin B}{\sqrt{1-e^2\sin^2 B}} = \frac{a}{W}(1-e^2)\sin B = \frac{b\sin B}{V}$$

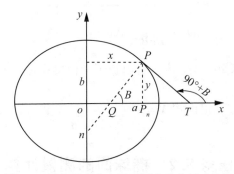

图 8-7　子午面直角坐标系同大地坐标系换算

2. 空间直角坐标系同子午面直角坐标系的关系

空间直角坐标系中的 P_2P 相当于子午平面直角坐标系中的 y,前者的 OP_2 相当于后者的 x,并且二者的经度 L 相同,如图 8-8 所示。

$$\left.\begin{array}{l}X = x\cos L\\ Y = x\sin L\\ Z = y\end{array}\right\}$$

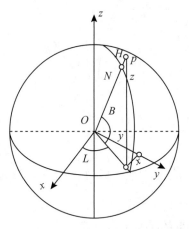

图 8-8 空间直角坐标系同子午面直角坐标系换算

3. 空间直角坐标系同大地坐标系的关系

同一地面点在地球空间直角坐标系中的坐标和在大地坐标系中的坐标可用如下两组公式转换。

$$\left.\begin{array}{l}x = (N + H)\cos B\cos L\\ y = (N + H)\cos B\sin L\\ z = [N(1 - e^2) + H]\sin B\end{array}\right\}$$

$$\left.\begin{array}{l}L = \arctan\dfrac{y}{x}\\ B = \arctan\dfrac{z + Ne^2\sin B}{\sqrt{x^2 + y^2}}\\ H = \dfrac{z}{\sin B} - N(1 - e^2)\end{array}\right\}$$

式中，e——子午椭圆第一偏心率，可由长短半径按式 $e^2 = \dfrac{a^2 - b^2}{a^2}$ 算得。

N——法线长度，可由式 $N = \dfrac{a}{\sqrt{1 - e^2\sin^2 B}}$ 算得。

任务 8.2　椭球面的测量计算

一、椭球面上法截线曲率半径

过椭球面上任意一点可作一条垂直于椭球面的法线，包含这条法线的平面叫做法截面,法截面同椭球面的交线叫法截线(或法截弧)。包含椭球面一点的法线,可作无数多个法截面,相应有无数多个法截线。椭球面上的法截线曲率半径不同于球面上的法截线曲率半径(等于圆球的半径),其不同方向的法截弧的曲率半径都不相同。

(一)子午圈曲率半径

在子午椭圆的一部分上取一微分弧长 $DK = dS$,相应地有坐标增量 dx,点 n 是微分弧 dS 的曲率中心,于是线段 Dn 及 Kn 便是子午圈曲率半径 M,如图 8-9 所示。

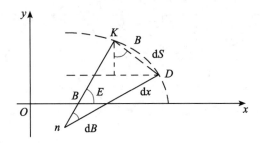

图 8-9 子午圈曲率半径

任意平面曲线的曲率半径的定义公式为:

$$M = \frac{dS}{dB}$$

子午圈曲率半径公式为:

$$M = \frac{a(1-e^2)}{W^3}$$

$$M = \frac{c}{V^3} \quad \text{或} \quad M = \frac{N}{V^2}$$

M 与纬度 B 有关,它随 B 的增大而增大,变化规律如表 8-2 所示:

表 8-2　　　　　　　　　　子午圈曲率半径与纬度的关系

B	M	说　　明
$B = 0°$	$M_0 = a(1-e^2)$	在赤道上,M 小于赤道半径 a
$0° < B < 90°$	$a(1-e^2) < M < c$	此间 M 随纬度的增大而增大
$B = 90°$	$M_{90} = \dfrac{a}{\sqrt{1-e^2}} = c$	在极点上,M 等于极点曲率半径 c

(二)卯酉圈曲率半径

过椭球面上一点的法线,可作无限个法截面,其中一个与该点子午面相垂直的法截面同椭球面相截形成的闭合圈称为卯酉圈。在图 8-10 中,PEE' 即为过 P 点的卯酉圈。卯酉

圈的曲率半径用 N 表示。

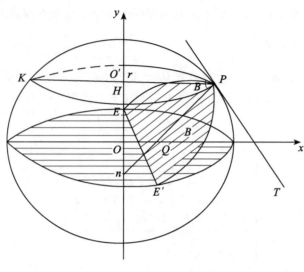

图 8-10 卯酉圈曲率半径

为了推导 N 的表达计算式，过 P 点作以 O' 为中心的平行圈 PHK 的切线 PT，该切线位于垂直于子午面的平行圈平面内。因卯酉圈也垂直于子午面，故 PT 也是卯酉圈在 P 点处的切线。即 PT 垂直于 Pn。所以 PT 是平行圈 PHK 及卯酉圈 PEE' 在 P 点处的公切线。

卯酉圈曲率半径可用下列两式表示：

$$N = \frac{a}{W}, \quad N = \frac{c}{V}$$

N 与纬度 B 有关，它随 B 的增大而增大，变化规律如表 8-3 所示：

表 8-3　　　　　　　　　卯酉圈曲率半径与纬度的关系

B	N	说　　明
$B = 0°$	$N_0 = a$	在赤道上，N 等于赤道半径 a
$0° < B < 90°$	$a < N < c$	此间 N 随纬度的增大而增大
$B = 90°$	$N_{90} = \dfrac{a}{\sqrt{1-e^2}} = c$	在极点上，N 等于极点曲率半径 c

(三) 任意法截弧的曲率半径

子午法截弧是南北方向，其方位角为 $0°$ 或 $180°$。卯酉法截弧是东西方向，其方位角为 $90°$ 或 $270°$。现在来讨论方位角为 A 的任意法截弧的曲率半径 R_A 的计算公式。

如图 8-11 所示，任意方向 A 的法截弧的曲率半径的计算公式如下：

$$R_A = \frac{N}{1 + \eta^2 \cos^2 A} = \frac{N}{1 + e'^2 \cos^2 B \cos^2 A}$$

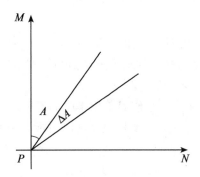

图 8-11 任意法截弧的曲率半径

(四) 平均曲率半径

在实际工程应用中,根据测量工作的精度要求,在一定范围内,把椭球面当成具有适当半径的球面。取过地面某点的所有方向 R_A 的平均值来作为这个球体的半径是合适的。这个球面的半径——平均曲率半径 R:

$$R = \sqrt{MN}$$

或

$$R = \frac{b}{W^2} = \frac{c}{V^2} = \frac{N}{V} = \frac{a}{W^2}\sqrt{(1-e^2)}$$

因此,椭球面上任意一点的平均曲率半径 R 等于该点子午圈曲率半径 M 和卯酉圈曲率半径 N 的几何平均值。

二、地面观测值归算至椭球面

参考椭球面是测量计算的基准面。在野外的各种测量都是在地面上进行的,观测的基准线不是各点相应的椭球面的法线,而是各点的垂线,各点的垂线与法线存在着垂线偏差。因此不能直接在地面上处理观测成果,而应将地面观测元素(包括方向和距离等)归算至椭球面。在归算中有两条基本要求:(1)以椭球面的法线为基准;(2)将地面观测元素化为椭球面上大地线的相应元素。

(一) 将地面观测的水平方向归算至椭球面

无论是平面控制网或是高程控制网都是通过野外采集某些数据——观测量,经过适当处理,最终获得待定点的坐标和高程,然而,观测量之间的矛盾是客观存在的,合理处理观测量之间矛盾的工作称为平差,而在平差之前又必须将所有观测量归算到某一个基准面上。我们知道,参考椭球面是测量计算的基准面,因此,需要把地面测量的水平方向、边长等成果归算到椭球面上,以便进行计算。地面测量成果是以铅垂线、水准面为基准的,要将其归算至椭球面上,就要以法线和椭球面为基准。

对水平方向而言,将地面观测的水平方向归算至椭球面需要经过三项改正,即垂线偏差改正、标高差改正和截面差改正，简称"三差改正"。

1. 垂线偏差改正 δ_u

地面上所有水平方向的观测都是以垂线为根据的，而在椭球面上则要求以该点的法线为依据。把以垂线为依据的地面观测的水平方向值归算到以法线为依据的方向值而应加的改正定义为垂线偏差改正，以 δ_u 表示。

如图 8-12 所示，以测站 A 为中心作出单位半径的辅助球，u 是垂线偏差，它在子午圈和卯酉圈上的分量分别以 ξ，η 表示，M 是地面观测目标 m 在球面上的投影。

图 8-12　垂线偏差改正

垂线偏差改正的计算公式是：

$$\delta''_u = -(\xi''\sin A_m - \eta''\cos A_m)\cot Z_1 = -(\xi''\sin A_m - \eta''\cos A_m)\tan\alpha_1$$

式中：ξ，η 为测站点上的垂线偏差在子午圈及卯酉圈上的分量，它们可在测区的垂线偏差分量图中内插取得；A_m 为测站点至照准点的大地方位角；Z_1 为照准点的天顶距；α_1 为照准点的垂直角。

垂线偏差改正的数值主要与测站点的垂线偏差和观测方向的天顶距（或垂直角）有关。

2. 标高差改正 δ_h

标高差改正又称由照准点高度而引起的改正。不在同一子午面或同一平行圈上的两点的法线是不共面的。当进行水平方向观测时，如果照准点高出椭球面某一高度，则照准面就不能通过照准点的法线同椭球面的交点，由此引起的方向偏差的改正叫做标高差改正，以 δ_h 表示。

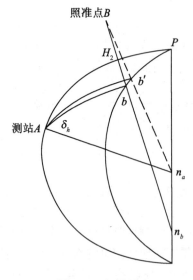

图 8-13　标同差改正

如图 8-13 所示，A 为测站点，如果测站点观测值已加垂线偏差改正，则可认为垂线同法线一致。这时测站点在椭球面上或者高出椭球面某一高度，对水平方向是没有影响的。这是因为测站点法线不变，则通过某一照准点只能有一个法截面。

设照准点高出椭球面的高程为 H_2，An_a 和 Bn_b 分

别为 A 点及 B 点的法线，B 点法线与椭球面的交点为 b。因为通常 An_a 和 Bn_b 不在同一平面内，所以在 A 点照准 B 点得出的法截线是 Ab' 而不是 Ab，因而产生了 Ab 同 Ab' 方向的差异。按归算的要求，地面各点都应沿自己的法线方向投影到椭球面上，即需要的是 Ab 方向值而不是 Ab' 方向值，因此需加入标高差改正数 δ_h，以便将 Ab' 方向改到 Ab 方向。

标高差改正的计算公式是：

$$\delta''_h = \frac{e^2}{2} H_2 (1)_2 \cos^2 B_2 \sin 2A_1$$

式中：B_2 为照准点大地纬度；A_1 为测站点至照准点的大地方位角；H_2 为照准点高出椭球面的高程，它由三部分组成：

$$H_2 = H_常 + \zeta + a$$

其中，$H_常$ 为照准点标石中心的正常高，ζ 为高程异常，a 为照准点的觇标高。$(1)_2 = \frac{\rho''}{M_2}$，$M_2$ 是与照准点纬度 B_2 相应的子午圈曲率半径。

标高差改正主要与照准点的高程有关。经过此项改正后，便将地面观测的水平方向值归化为椭球面上相应的法截弧方向。

3. 截面差改正 δ_g

在椭球面上，纬度不同的两点由于其法线不共面，所以在对向观测时相对法截弧不重合，应当用两点间的大地线代替相对法截弧。这样将法截弧方向化为大地线方向应加的改正叫截面差改正，用 δ_g 表示。

如图 8-14 所示，AaB 是 A 至 B 的法截弧，它在 A 点处的大地方位角为 A'_1，ASB 是 AB 间的大地线，它在 A 点的大地方位角是 A_1，A_1 与 A'_1 之差 δ_g 就是截面差改正。

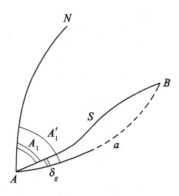

图 8-14 截面差改正

截面差改正的计算公式为

$$\delta''_g = -\frac{e^2}{12\rho''} S^2 (2)_1^2 \cos^2 B_1 \sin 2A_1$$

式中，S 为 AB 间大地线长度，$(2)_1 = \frac{\rho''}{N_1}$，$N_1$ 为测站点纬度 B_1 相对应的卯酉圈曲率半径。

在一般情况下，一等三角测量应加三差改正，二等三角测量应加垂线偏差改正和标高差改正，而不加截面差改正；三等和四等三角测量可不加三差改正。但当 $\xi = \eta > 10''$ 时或者 $H > 2\,000\mathrm{m}$ 时，则应分别考虑加垂线偏差改正和标高差改正。在特殊情况下，应该根据测区的实际情况作具体分析，然后再做出加还是不加改正的规定。如表 8-4 所示：

表 8-4　　　　　　　　　　三 差 改 正

三差改正	主要关系量	是否要加改正		
		一等	二等	三、四等
垂线偏差	ξ，η	加	加	酌情
标高差	H			
截面差	S		不加	

(二) 电磁波测距边长归算椭球面

电磁波测距仪测得的长度是连接地面两点间的直线斜距，也应将它归算到参考椭球面上。如图 8-15 所示，大地点 Q_1 和 Q_2 的大地高分别为 H_1 和 H_2。其间用电磁波测距仪测得的斜距为 D，现要求大地点在椭球面上沿法线的投影点 Q_1' 和 Q_2' 间的大地线的长度 S。

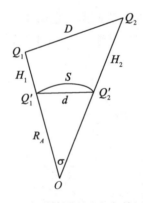

图 8-15　电磁波测距边长归算椭球面

在工程测量中边长一般都是几千米，最长也不过十几千米，因此，所求的大地线的长度可以认为是半径：

$$R_A = \frac{N}{1 + e'^2 \cos^2 B_1 \cos^2 A_1}$$

电磁波测距边长归算椭球面上的计算公式为：

$$S = D - \frac{1}{2}\frac{\Delta h^2}{D} - D\frac{H_m}{R_A} + \frac{D^3}{24R_A^2}$$

式中 $H_m = \frac{1}{2}(H_1 + H_2)$。

电磁波测距边长归算的几何意义为：

(1) 计算公式中右端第二项是由于控制点之高差引起的倾斜改正的主项，经过此项改正，测线已变成平距；

(2) 第三项是由平均测线高出参考椭球面而引起的投影改正，经此项改正后，测线已变成弦线；

(3) 第四项则是由弦长改化为弧长的改正项。

电磁波测距边长归算至椭球面上的计算公式还可用下式表达：

$$S = \sqrt{D^2 - \Delta h^2}\left(1 - \frac{H_m}{R_A}\right) + \frac{D^3}{24R_A^2}$$

显然第一项即为经高差改正后的平距。

任务 8.3　高斯投影与分带

测绘工作的主要任务之一是布设控制网并测绘各种比例尺的地形图。地形图是把地球表面上的地貌、地物按一定的要求用平面图形表示出来。测绘时我们把地表作为平面看待，也就是把一个平面上的地物地貌画到另一个平面上，这样做，当测区范围较小时是可以的；然而在较大的测区就必须考虑到地表并不是一个平面，而是一个曲面（椭球面），这就产生了如何把椭球面上的图形描绘到一个平面上的问题，我们知道，将大范围的一块椭球面展平是不可能的，强行展平就必然出现折皱或破裂。如何解决这个矛盾？这就牵扯到"地图投影"问题。

椭球面是平面控制测量计算的基准面，控制测量的一切成果都应化算到这个表面上，并最后求得控制点的大地坐标，但实际上在椭球面上进行计算工作是很复杂的。例如已知两点的大地坐标，计算这两个点之间的距离涉及微积分的知识，计算过程很复杂。如果我们按一定的投影规律，先将椭球面上的起算元素和观测元素换算为相应的平面元素，然后在平面上进行各种计算（坐标、边长、方位角等）就简单多了。上面这些理由都要求我们来研究投影问题，这里的投影就是指将椭球面的测量元素归算到平面上。扫描右侧二维码可了解高斯投影。

一、投影与变形

地图投影就是将椭球面上的各元素（包括坐标、方向和长度）按一定的数学法则投影到平面上。研究这个问题的专门学科叫地图投影学。可用下面两个方程式（坐标投影公式）表示：

$$\left.\begin{array}{l}x = F_1(L, B)\\ y = F_2(L, B)\end{array}\right\}$$

式中，L，B 是椭球面上某点的大地坐标，而 x，y 是该点投影后的平面直角坐标。

投影变形：椭球面是一个凸起的、不可展平的曲面。将这个曲面上的元素（距离、角度、图形）投影到平面上，就会和原来的距离、角度、图形呈现差异，这一差异称为投影变形。

投影变形的形式：角度变形、长度变形和面积变形。

地图投影的方式：

(1) 等角投影——投影前后的角度相等，但长度和面积有变形；

(2) 等距投影——投影前后的长度相等，但角度和面积有变形；

(3) 等积投影——投影前后的面积相等，但角度和长度有变形。

二、高斯投影的概念

高斯投影是椭球面投影成平面较为常用的一种方式，我国的国家坐标系就是采用高斯投影将大地坐标转换成平面坐标的，高斯投影是地球椭球体面正形投影于平面的一种数学转换过程。简单起见，可以用下面形象的投影过程来解说这种投影规律。

如图 8-16(a) 所示，设想将截面为椭圆的一个椭圆柱横套在地球椭球体外面，并与椭球体面上某一条子午线相切，同时使椭圆柱的轴位于赤道面内并通过椭球体中心，椭圆柱面与椭球体面相切的子午线称为中央子午线。若以椭球中心为投影中心，将中央子午线两侧一定经差范围内的椭球图形投影到椭圆柱面上，再顺着过南、北极点的椭圆柱母线将椭圆柱面剪开，展成平面，如图 8-16(b) 所示，这个平面就是高斯投影平面。

图 8-16 高斯投影

三、高斯投影的性质

椭球面不是一个像圆柱面、圆锥面那样可以展平的曲面，所以把它上面的图形投影到平面上必然要发生变化，我们把这种变化叫投影变形。投影变形通常分为角度变形、长度变形和面积变形 3 种，人们根据生产的需要，可以选择满足某种规律的投影方法，使某种变形为零，或使全部变形减小到某种程度。在这里，投影存在变形是绝对的，不变形是相对的。如果我们在投影时要求没有某种变形，就必然会增大另一方面的变形，但不可能有不变形的方法。在测量上,我们一般要求椭球面上从一点出发的任意两个方向的夹角投影后保持不变,这是因为,角度不变就意味着在小范围内的图形相似。因而地形图上的图形同椭球面上的图形保持相似,这样在实用上将有很大的便利。这种使角度保持不变形的投影,称为正形投影或保角投影。高斯投影即为正形投影,有如下的特征:

(1)椭球面上的角度,投影后保持不变;
(2)中央子午线投影后为一直线,且其长度保持不变;
(3)赤道投影后是一条与中央子午线正交的直线;
(4)椭球面上除中央子午线外,其余子午线投影后均向中央子午线弯曲,并向两极收敛;
(5)椭球面上对称于赤道的平行圈,投影后成为对称的曲线,它与子午线的投影正交,并凹向两极;
(6)距中央子午线越远,长度变形越大。

在高斯投影面上,因为中央子午线和赤道的投影都是直线,我们以中央子午线与赤道的交点 O 为坐标原点,以中央子午线的投影为纵坐标轴,即 x 轴,以赤道的投影为横坐标轴,即 y 轴,这就构成了投影平面上的直角坐标系,即高斯平面直角坐标系。如椭球面上任意一点 A,其大地坐标为 (L, B),投影后在平面上有一对应点 a,其平面坐标为 (x, y)。

四、高斯投影的分带

(一)分带的具体规定

高斯投影虽然不存在角度变形,但是长度变形是存在的,除中央子午线保持长度不变外,只要离开中央子午线,任何一段长度投影后都要发生变形,而且离开中央子午线越远,长度变形越大,为此要加以限制,使其在测图和用图上的影响较小,以至于忽略。限制长度变形最有效的方法是"分带",即把投影的区域限制在中央子午线两旁的一定范围内。具体做法是先将地球椭球面沿子午线划分成若干个经差相等(例如 6°或 3°)的瓜瓣形,然后分别按高斯投影规律进行投影,于是得出不同的投影带。位于各带中央的子午线即为中央子午线,用以分带的子午线叫做分带子午线。显然在一定的范围内,如果带分得越多,则各带所包括的范围越小,长度变形自然越小。

分带后,各带将有自己的坐标和原点,各带形成自己的坐标系,这样在相邻两带的分带子午线两侧的各点各属不同坐标系的坐标。为了生产实践的需要,就产生了一个建立带与带之间的相互联系问题,从这个角度出发,则又要求分带不要太多。

按照国际上的统一规定,我国投影分带主要有 6°分带和 3°分带。在工程测量和测图中,根据工程测量的特殊要求,为了使长度变形更小,往往采用 1.5°分带或独立投影带。

对于测图而言,我国规定对于 1/2.5 万至 1/10 万比例尺的国家基本图采用 6°分带,对于 1/1 万或更大比例尺的地形图规定采用 3°分带,对于 1/1000,1/500 或更大比例尺的地形图,一些工程测绘单位往往根据其特殊的要求采用 1.5°分带或独立投影带。

高斯投影 6°分带,自 0°子午线起每隔经差 6°自西向东分带,即 0°至 6°为第一带(中央子午线的经度 $L_0=3°$);6°至 12°为第二带($L_0=9°$);依次将地球分为 60 个带,各带中央子午线的经度 L_0 与带的号数 N 有如下关系:

$$L_0 = 6°N - 3$$

3°带是在6°带的基础上划分的,从经度1°30′起,每隔3°经差为一带,6°带的中央子午线和奇数带号的3°带的中央子午线重合。第一个3°带的中央子午线为3°,第二带的中央子午线为6°……各带依次自西向东编号,设3°带的带号以 n 表示,则3°带的中央子午线经度为:

$$L_0 = 3n$$

我国地域最西端东经73°40′帕米尔高原乌兹别里山口(乌恰县),最东端东经135°2′30″黑龙江和乌苏里江交汇处,横跨11个6°带,带号范围从13带至23带,对应6°分带的中央子午线经度,由72°起至135°;横跨22个3°带,带号范围从24带至45带。图8-17是6°带和3°带的划分情况。

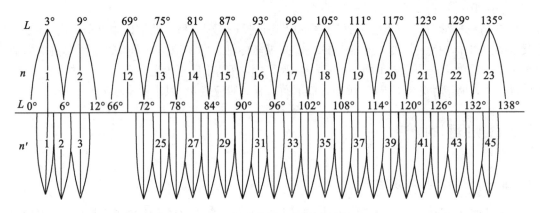

图8-17　6°投影带与3°投影带的关系

(二)投影带的重叠

在相邻两带的拼接处,规定要有重叠部分,在重叠部分内的控制点有属东西带的两套坐标。在重叠部分的地形图上坐标格网线(即公里网),一套属于东带,一套属于西带。这样做的目的,是为了有利于地形图的拼接和使用,控制点的互相利用以及对跨带控制网平差问题的处理等。目前,我国对投影带重叠作如下规定:以分带子午线为准,西带重叠东带为经差30′,东带重叠西带为经差7.5′。

(三)坐标写法的规定

高斯平面直角坐标系(如图8-18所示)是以中央子午线的投影为坐标系纵轴 x 轴,赤道的投影为横轴 y 轴,各个投影带自成一个直角坐标系,为了区别不同投影带内点的坐标,规定在横坐标 y 值前面冠以两位数带号,此外,为了避免横坐标出现负值,还规定将 y 值加上500km(6°带中横坐标 y 的实际值最大约为330km)。例如某点横坐标 $y = 20\ 637\ 538.36$m,则可知此点位于第20带($L_0 = 117°$),对于中央子午线而言的横坐标,$y = 637\ 538.36 - 500\ 000 = 137\ 538.36$m。又如某点的横坐标 $y = 26\ 428\ 368.45$m,该点位于3°带第26带。而纵坐标无论在哪一带都是由赤道起算的实际值,我国位于北半球,因此 x 坐标始终为正值。

图 8-18 高斯平面直角坐标系

高斯平面直角坐标系的应用大大简化了测量计算工作，它把在椭球体面上的观测元素全部改化到高斯平面上进行计算，这比在椭球体面上解算球面图形要简单得多。线状工程往往横跨省市，所以在线状工程的测量中经常应用高斯平面直角坐标，如高速公路、高速铁路的勘测设计和施工测量就是在高斯平面直角坐标系中进行的。

任务 8.4　高斯投影计算

一、高斯投影坐标计算

（一）高斯投影坐标正算

1. 高斯投影坐标正算的概念

高斯投影坐标正算即已知椭球面上某点的大地坐标(L, B)，求该点在高斯投影平面上的直角坐标(x, y)，即(L, B)到(x, y)的坐标变换。

2. 投影变换必须满足的条件

中央子午线投影后为直线；中央子午线投影后长度不变；投影具有正形性质，即正形投影条件。

3. 投影过程

在椭球面上有对称于中央子午线的两点P_1和P_2，它们的大地坐标分别为(L, B)及(l, B)，式中l为椭球面上P点的经度与中央子午线L_0的经度差：$l=L-L_0$，P点在中央子午线之东，l为正，在西则为负，则投影后的平面坐标一定为$P_1'(x, y)$和$P_2'(x, -y)$。

(二)高斯投影坐标反算

1. 高斯投影坐标反算的概念

高斯投影坐标反算即已知某点的高斯投影平面上的直角坐标(x,y),求该点在椭球面上的大地坐标(L,B),即(x,y)到(L,B)的坐标变换。

2. 投影变换必须满足的条件

x坐标轴投影成中央子午线,是投影的对称轴;x轴上的长度投影保持不变;投影具有正形性质,即正形投影条件。

3. 投影过程

根据x计算纵坐标在椭球面上的投影的底点纬度B_f,接着按B_f计算(B_f-B)及经差l,最后得到$B=B_f-(B_f-B)$,$L=L_0+l$。

(三)高斯投影相邻带的坐标换算

1. 产生换带的原因

高斯投影为了限制高斯投影的长度变形,以中央子午线进行分带,把投影范围限制在中央子午线东、西两侧一定的范围内。因而,使得统一的坐标系分割成各带的独立坐标系。在工程应用中,往往要用到相邻带中的点坐标,有时工程测量中要求采用3°带、1.5°带或任意带,而国家控制点通常只有6°带坐标,这时就产生了6°带同3°带(或1.5°带、任意带)之间的相互坐标换算问题,如图8-19所示。

图8-19 产生换带的原因

2. 应用高斯投影正、反算公式间接进行换带计算

1)计算过程

把椭球面上的大地坐标作为过渡坐标。首先把某投影带(比如Ⅰ带)内有关点的平面坐标$(x,y)_Ⅰ$,利用高斯投影反算公式换算成椭球面上的大地坐标(l,B),进而得到$L=L_0^Ⅰ+l$;然后再由大地坐标(B,l),利用投影正算公式换算成相邻带(第Ⅱ带)的平面坐标$(x,y)_Ⅱ$。在这一步计算时,要根据第Ⅱ带的中央子午线$L_0^Ⅱ$来计算经差l,亦即此时$l=L-L_0^Ⅱ$。

2)算例

在中央子午线$L_0^Ⅰ=123°$的Ⅰ带中,有某一点的平面直角坐标$x_1=5728374.726$m,

$y_1 = +210198.193$ m,现要求计算该点在中央子午线 $L_0^{II} = 129°$ 的第 II 带的平面直角坐标。

3) 计算步骤

(1) 根据 x_1,y_1,利用高斯反算公式换算 B_1,L_1,得到 $B_1 = 51°38'43.024''$,$L_1 = 126°02'13.1362''$。

(2) 采用已求得的 B_1,L_1,并顾及第 II 带的中央子午线 $L_0^{II} = 120°$,求得 $l = -2°57'46.864''$,利用高斯正算公式计算第 II 带的直角坐标 x_{II},y_{II}。

(3) 为了检核计算的正确性,要求每步都应进行往返计算。

二、椭球面元素归算至高斯平面

由于在椭球面上,进行平差计算通常较复杂,所以平面控制测量的平差计算一般都是在平面上进行的(即高斯平面直角坐标系),所以椭球面上的观测元素需要化算至高斯平面上,才能进行后续的平差计算。

(一) 将椭球面方向归算至高斯平面

由于高斯投影是正形投影,椭球面上大地线间的夹角与它们在高斯平面上的投影曲线之间的夹角相等。为了在平面上利用平面三角学公式进行计算,须把大地线的投影曲线用其弦线来代替。如图 8-20 所示,若将椭球面上的大地线 AB 方向改化为平面上的弦线 ab 方向,其相差一个角值 δ_{ab},即称为方向改化值。

图 8-20 方向改化角

当大地线长度不大于 10km,y 坐标不大于 100km 时,二者之差不大于 $0.05''$,因而可近似认为 $\delta_{ab} = \delta_{ba}$,满足此条件时,有如下适用于三、四等三角测量的方向改正的计算公式:

$$\left.\begin{array}{l}\delta_{ab} = \dfrac{\rho''}{2R^2} y_m (x_a - x_b) \\ \delta_{ba} = -\dfrac{\rho''}{2R^2} y_m (x_a - x_b)\end{array}\right\} \tag{8-5}$$

式中,$y_m = \frac{1}{2}(y_a + y_b)$,为 a、b 两点的 y 坐标的自然平均值。

(二)将椭球面上的距离归算至高斯平面

将地面上的观测斜距归算至椭球面上,变成两点间的大地线长度,实际上还要继续将其投影至高斯平面上。椭球面上的测距边化算到高斯投影面上的长度,应按下式计算:

$$D_g = D_0\left(1 + \frac{y_m^2}{2R_m^2} + \frac{\Delta y^2}{24R_m^2}\right) \tag{8-6}$$

式中:D_g——测距边在高斯投影面上的长度(m);
y_m——测距边两端点横坐标自然值的平均值(m);
R_m——测距边中点的平均曲率半径(m);
Δy——测距边两端点近似横坐标的增量(m)。

任务 8.5　常用测量坐标系及其转换

一、几种常用坐标系介绍

目前,我国的测绘工作常用的坐标系有:1954 年北京坐标系、1980 年西安坐标系(又称为 1980 年国家大地坐标系)、2000 国家大地坐标系、WGS-84 世界大地坐标系。2018 年 7 月 1 日后自然资源系统将全面使用 2000 国家大地坐标系。涉及空间坐标的报部审查和备案项目,全部采用 2000 国家大地坐标系。除此之外,还有各种不同的工程坐标系。在上述坐标系统中,除 WGS-84 和 2000 坐标系属于地心坐标系外,其余均为参心坐标系。

(一)WGS-84 世界大地坐标系

20 世纪 60 年代以来,美国国防制图局为了建立全球统一的地心坐标系统,利用了大量的卫星观测资料以及全球地面天文、大地和重力测量资料,先建成了世界大地坐标系(World Geodetic System,WGS)WGS-60、WGS-66 和 WGS-72。并于 1984 年开始,经过多年修正和完善,建成了一种新的更为精确的世界地心大地坐标系 WGS-84。

WGS-84 坐标系采用的地球椭球称为 WGS-84 椭球,其参数为国际大地测量与地球物理联合会第 17 届大会的推荐值,4 个主要参数如下:

长半轴:$a = 6378137 \pm 2$m;
扁率:$f = 1/298.257223563$;
地球引力常数:$GM = (3986005 \pm 0.6) \times 10^8 \text{m}^3/\text{s}^2$;
地球自转角速度:$\omega = (7.292115 \pm 0.1500) \times 10^{-5}$rad/s。

自 1987 年 1 月 10 日之后,GPS 卫星星历均采用 WGS-84 坐标系统,因此 GPS 网的测站坐标均属于 WGS-84 坐标系统,若要求得 GPS 测站点在参心坐标系中的坐标,就必须进行不同坐标系之间的坐标转换。

(二) 2000 国家大地坐标系

2008年6月18日,经国务院批准,国家测绘局发布公告:我国将于2008年7月1日启用2000国家大地坐标系。2000国家大地坐标系与现行国家大地坐标系转换、衔接的过渡期为8~10年。2018年7月1日起全面使用2000国家大地坐标系。扫描右侧二维码查看"国土资源数据2000国家大地坐标系转换技术要求"。

2000国家大地坐标系是全球地心坐标系在我国的具体体现,其原点为包括海洋和大气的整个地球的质量中心,Z轴由原点指向历元2000.0的地球参考极的方向,X轴由原点指向格林尼治参考子午线与地球赤道面(历元2000.0)的交点,Y轴与Z轴、X轴构成右手正交坐标系。2000国家大地坐标系采用的地球椭球参数如下:

长半轴: $a = 6378137$m;
扁率: $f = 1/298.257222101$;
地心引力常数: $GM = 3.986004418 \times 10^{14} \text{m}^3/\text{s}^2$;
地球自转角速度: $\omega = 7.292115 \times 10^{-5} \text{rad/s}$。

按照国务院关于推广使用2000国家大地坐标系的有关要求,前国土资源部(现自然资源部)确定,2018年6月底前完成全系统各类国土资源空间数据向2000国家大地坐标系转换,2018年7月1日起全面使用2000国家大地坐标系。也就是说西安80和北京54坐标系将正式退出历史舞台,2018年7月1日后自然资源系统将全面使用2000国家大地坐标系。对于2018年7月1日以前已经开展的涉及空间数据采集工作的项目,可仍采用原先设定的坐标系,待项目完成后,再对数据进行统一的2000国家大地坐标系转换。

(三) 1954年北京坐标系

20世纪50年代初,为了加速社会主义经济建设和国防建设,全面开展测图工作,迫切需要建立一个参心大地坐标系。

鉴于当时的历史条件,首先将我国东北地区的一等锁与苏联远东的一等锁相连接,然后以连接处的呼玛、吉拉林、东宁基线网扩大边端点的苏联1942年普尔科沃坐标系坐标为起算数据,平差我国东北及东部地区的一等锁,这样传算来的坐标系,定名为1954年北京坐标系。

1954年北京坐标系采用了苏联的克拉索夫斯基椭球体,其参数是:长半轴$a = 6378245$m;扁率$f = 1/298.3$;原点位于苏联的普尔科沃。1954年北京坐标系可以认为是苏联1942年坐标系的延伸,但又不完全属于该坐标系。因为该椭球的高程异常是以苏联1955年大地水准面的重新平差结果为起算数据,按我国天文水准路线推算而得;大地点高程又是以1956年青岛验潮站求出的黄海平均海水面为基准的。1954年北京坐标系的我国原点是位于河北省石家庄市柳辛庄的一等天文点。

不难看出,北京坐标系所对应的参考椭球并未采用我国自己的天文测量资料来进行定位和定向。对椭球定向的含义也是不明确的。从现代观点来看,克拉索夫斯基椭球元素也不够精确,只有两个几何参数,不能反映椭球的物理特性。况且北京坐标系所定位的椭球与大地水准面(以1956年青岛黄海平均海水面)之间存在着自西向东递增的系统性倾斜,高程异常的最大值达到±65m。

1954年北京坐标系在我国近50年的测绘生产中发挥了巨大的作用。15万个国家大地点和数百万个加密控制点均在该系统内完成了计算工作。基于该系统测制完成了全国1∶5万、1∶10万比例尺地形图，1∶1万比例尺地形图也在相当范围内完成。可以说，以1954年北京坐标系为基础的测绘成果和资料，已经渗透到国民经济建设和国防建设的各个领域。

(四)1980年西安坐标系

为了弥补1954年北京坐标系的不足，20世纪70年代中期我国天文大地网业已建成，重建和完善国家大地坐标系的条件日趋成熟。1978—1982年间我国在进行国家天文大地网整体平差的同时，建立了1980年国家大地坐标系。大地坐标系原点设在我国中部陕西省泾阳县永乐镇石际寺村(北洪流村)，在西安以北60km，简称西安原点。因此，1980年国家大地坐标系又称为1980年西安坐标系。

1980年西安坐标系采用了全面描述椭球性质的四个基本参数，同时反映了椭球的几何、物理特性。四个参数值是1975年国际大地测量与地球物理联合会第16届大会的推荐值：

地球椭球长半径：$a = 6378140$m；

扁率：$f = 1/298.257$；

地球引力常数：$GM = 3986005 \times 10^8 \text{m}^3/\text{s}^2$；

地球自转角速度：$\omega = 7292115 \times 10^{-11}$rad/s。

1980年西安坐标系的椭球定位，是按局部密合条件实现的。依据1954年北京坐标系大地水准面差距图，按1°×1°间隔，在全国均匀选取922点，列出高程弧度测量方程式，按$\sum \zeta^2 = $最小，求得椭球中心的位移$\Delta x_0$、$\Delta y_0$和$\Delta z_0$，进而可以求出大地原点上的垂线偏差分量($\eta_k$，$\xi_k$)和高程异常($\zeta_k$)。再由大地原点上测得的天文经纬度($\lambda_k$，$\varphi_k$)和正常高($H_k$)以及至另一点的天文方位角($\alpha_k$)，即可算得大地原点上的大地经纬度($B$，$L$)和大地高($h_k$)以及至另一点的大地方位角($A_k$)，以此作为1980年国家大地坐标系的大地起算数据。

1980年国家大地坐标系的椭球短轴平行于由地球质心指向我国地极原点JYD1968.0的方向，起始大地子午面平行于我国起始天文子午面。大地点高程是以1956年青岛验潮站求出的黄海平均海水面为基准。

1980年国家大地坐标系的建立，标志着我国测绘科学技术的进步和发展。无论是椭球的选择及其定位、定向，还是其后全国天文大地网的整体平差，都体现了当时世界的先进水平。

二、测量坐标的转换

测量常用坐标系有三种：大地坐标系(经纬度和高程)、空间直角坐标系、高斯平面直角坐标系(平面坐标和高程)，这三种坐标系是坐标的三种不同表示形式，都是同椭球的几何参数相关的，基于同一椭球的这三种坐标系之间的转换都是严密的，它们之间的转换只需要知道椭球体的几何参数及相应的投影参数即可，而不需要通过已知坐标数据求定其转换参数。

不同椭球基准下的坐标系之间的转换从数学角度上讲也是严密的，但实际上，由于大地高不能精确地获得，而导致此种坐标转换范围是有一定限制的，具体的转换范围通常通过转换后的残差确定，根据经验，一般100km范围内是可以的，所以在WGS-84坐标系和1954年北京坐标系之间是不存在一套转换参数可以全国通用的，在每个地方会不一样，因为它们是两个不同的椭球基准，转换时会受到大地高误差的影响。

一般而言，两个椭球间的坐标转换方法中，比较严密的是用七参数法：即 X 平移，Y 平移，Z 平移，X 旋转，Y 旋转，Z 旋转，尺度变化 K。要计算出七参数，在一个地区就需要3个以上的已知点（每个点都有源坐标系下的坐标和目标坐标系下的坐标）；如果区域范围不大，最远点间的距离不大于30km（经验值），这可以用三参数：即 X 平移，Y 平移，Z 平移，而将 X 旋转，Y 旋转，Z 旋转，尺度变化 K 视为0，所以三参数只是七参数的一种特例。

两个高斯平面直角坐标的转换也可以采用平面四参数法，此转换是在平面上进行的，即：X 平移，Y 平移，Z 旋转，尺度变化 K。这种方法由于没有考虑到当地椭球的大小，受到高斯投影变形影响较大，从数学角度讲，尺度变化 K 是不严密的，所以是一种近似的坐标转换，只有当测区范围较小时才能使用。当然两个任意平面直角坐标系的转换同样可采用平面四参数法，由于只有在较小范围内才能把地面当成平面看待，所以此种转换的范围是有一定限制的，否则误差会较大。

(一) 同一基准(椭球)空间直角坐标与大地坐标的相互换算

在基于同一基准的坐标系中，地面上任意一点 P，在坐标系中的位置以空间直角坐标表示为 (X,Y,Z)，以大地坐标表示为 (L,B,H)，这两种坐标存在着数学上的换算关系，其计算公式涉及椭球面上微积分的相关知识，其推算过程和计算公式较为复杂，其具体内容可以参考相关书籍，本书不作赘述。在此以一个实例通过软件说明其转换方法：

例：已知 1954 年北京坐标系下 P 点的大地坐标（$B = 29°33'28.830''$，$L = 119°25'44.400''$，$H = 67.786$），计算同一基准下的空间直角坐标系。

解：转换界面如图 8-21 所示，按如下步骤操作：

图 8-21 大地坐标转换成空间直角坐标

(1) 选择源坐标类型为大地坐标,椭球基准为北京 54;
(2) 目标坐标类型为空间直角坐标,椭球基准为北京 54;
(3) 输入 P 点的源坐标($B = 29°33'28.830''$, $L = 119°25'44.400''$, $H = 67.786$);
(4) 鼠标点击"转换坐标"按钮,得到 P 点的空间直角坐标($X = -2728310.174644$, $Y = 4836245.378917$, $Z = 3127938.490400$);
(5) 参照上述步骤,如图 8-22 所示,实现同一椭球基准下空间直角坐标转换成大地坐标。

图 8-22　空间直角坐标转换成大地坐标

(二) 同一基准(椭球)高斯平面直角坐标与大地坐标的相互换算

已知椭球面上一点的大地坐标(B, L),将其投影在高斯平面上,坐标为(x, y),称之为高斯投影正算(简称为正算);反之,已知高斯投影面上的一点坐标(x, y),计算它在椭球面上的大地坐标(B, L),称之为高斯投影反算(简称为反算)。高斯投影正反算的公式较为复杂,同样在此不再赘述,在此以一个实例通过软件说明其转换方法:在高斯投影的实际工作中,为了限制投影的变形程度,将椭球面按子午线分成若干带,每一带都有自己的中央子午线和坐标原点。

例:已知 1954 年北京坐标系下 P 点的大地坐标($B = 29°33'28.830''$, $L = 119°25'44.400''$),已知投影带中央子午线经度为 $L_0 = 120°$,计算同一基准下的高斯平面直角坐标系。

解:按如下步骤操作:
(1) 如图 8-23 所示,定义高斯投影参数,在中央子午线栏中输入 120°;
(2) 如图 8-24 所示,选择源坐标类型为大地坐标,椭球基准为北京 54;
(3) 选择目标坐标类型为平面坐标,椭球基准为北京 54;
(4) 输入 P 点的源坐标($B = 29°33'28.830''$, $L = 119°25'44.400''$);
(5) 鼠标点击"转换坐标"按钮,得到 P 点的高斯平面直角坐标($x = 3271313.360470$, $y = 444662.429103$);
(6) 参照上述步骤,如图 8-25 所示,实现同一椭球基准下高斯平面直角坐标转换成大地坐标。

图 8-23　高斯投影设置

图 8-24　大地坐标转换成高斯平面直角坐标

图 8-25　高斯平面直角坐标转换成大地坐标

(三) 高斯投影邻带换算

为了限制高斯投影的长度变形，我们采用分带的办法来解决。分带使得原本一个统一的大地坐标系被分割成了若干个高斯平面直角坐标系。这样给测绘生产实践提出了新的问题，即怎样解决带与带之间的联系问题，这种联系就需要将一个带内的某点平面坐标换算至相邻一个带上，简称为坐标换带。

1. 为什么要进行换带

在工程测量中，利用国家控制点时，为了减少投影变形，一般在下列几种情况下，需要换带。

(1) 在投影带边缘地区测图或施工放样时，往往需要利用到另一带的控制点，因此必须将这些点的坐标换算到同一带中；

(2) 当布设的控制网分跨于不同的投影带时，为了便于平差计算，需要将邻带的部分(或全部)坐标换算到同一带中；

(3) 进行大比例尺测图时要求采用3°带的坐标，而国家控制点通常是6°带的坐标，因此需要将6°带的坐标换算为3°带的坐标；

(4) 工程建设和大比例尺测图采用任意带时，须将已有的6°带(或3°带)的坐标，换算为任意带的坐标。

2. 换带的基本方法

此方法是利用椭球面上的大地坐标作为过渡，即把某投影带的平面坐标通过投影反算(已知 x，y，求 B，L) 公式，换算成椭球面上的大地坐标，再将此大地坐标，利用投影正算(已知 B，L，求 x，y) 公式，换算成相邻带的平面坐标。

这种方法适用于各种不同宽度的相邻投影带之间的坐标换算。例如，由一个6°带换算为另一个6°带；6°带换算为3°带；3°带换算为另一个3°带或6°带；3°带和6°带与任意带间的互相换算。

例：已知某点 P 在国家高斯平面坐标系6°带的第20带内，其坐标为

$$x = 4273640.427\text{m}, \quad y = 535437.233\text{m}$$

求 P 点在3°分带第40带的坐标。

解：按如下步骤操作：

(1) 计算 P 点在6°带内的中央子午线经度：$L_0 = 6N - 3 = 117°$，如图8-26所示，设定投影带中央子午线经度为117°；

(2) 如图8-27所示，输入 P 点的平面坐标($x = 4273640.427$，$y = 535437.233$)，将其转换为大地坐标($B = 38°35'40.120496''$，$L = 117°24'24.33042''$)；

(3) 计算 P 点在3°带内的中央子午线经度：$L_0 = 3N = 120°$，如图8-28所示，设定投影带中央子午线经度为120°；

(4) 如图8-29所示，依据计算出的 P 点大地坐标，计算出目标投影带的高斯平面坐标($x = 4276752.749$，$y = 274059.410$)。

图 8-26　高斯投影设置(中央子午线经度为 117°)

图 8-27　计算 P 点大地坐标

(四)不同基准(椭球)空间直角坐标系间的坐标换算

基于不同基准(椭球)之间坐标系的转换,是在空间直角坐标系框架内实现的,例如,WGS-84 大地坐标转换成 1980 年大地坐标,其转换过程如下:

(1) WGS-84 大地坐标依据 WGS-84 椭球的几何参数,转换成 WGS-84 空间直角坐标;

(2) 依据转换参数及转换模型,WGS 84 空间直角坐标转换成 1980 空间直角坐标;

(3) 1980 空间直角坐标依据 1980 椭球的几何参数,转换成 1980 大地坐标。

基于两个空间直角坐标转换模型,可以实现卫星网与地面网间的转换,这种转换在

图 8-28　高斯投影设置(中央子午线经度为 120°)

图 8-29　计算 P 点目标投影带的高斯平面坐标

GPS 测量中，有着很重要的作用。自 20 世纪 60 年代以来，各国大地测量学者对此作了大量的研究，获得了多种转换方法及模型。这里只介绍三参数法和七参数法的转换模型。

1. 三参数法

设两个空间直角坐标系分别为新坐标系 O_T-$X_T Y_T Z_T$ 和旧坐标系 O-XYZ，这两个坐标系各对应坐标轴相互平行，坐标系原点不相一致，如图 8-30 所示。不难看出，这两个坐标系中的同一点的坐标具有如下关系：

$$\begin{pmatrix} X \\ Y \\ Z \end{pmatrix}_T = \begin{pmatrix} \Delta X_0 \\ \Delta Y_0 \\ \Delta Z_0 \end{pmatrix} + \begin{pmatrix} X \\ Y \\ Z \end{pmatrix} \tag{8-7}$$

式中，ΔX_0，ΔY_0，ΔZ_0 是旧坐标系原点 O 在新坐标系 $O_T\text{-}X_T Y_T Z_T$ 中的三个坐标分量，也称为三个平移参数。

三参数空间直角坐标间的转换公式，是在假设两坐标系之间各坐标轴相互平行的条件下导出的，这在实际中往往是不可能的，但由于各种基于椭球的坐标，其椭球都是经过定位的，所以实际上，两个空间直角坐标的 X，Y，Z 三个轴都是基本平行的（即旋转角度接近于 0）。在实际工作中，如果测区范围不大，经常采用三参数法进行坐标转换。

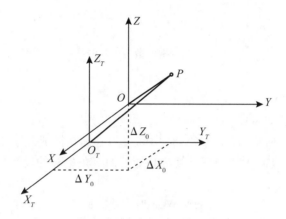

图 8-30　三参数法坐标转换

2. 七参数法

如图 8-31 所示，两个空间直角坐标系间除了三个平移参数外，当各坐标轴间相互不平行时，还存在有三个欧勒角，称之为三个旋转参数；在空间直角坐标系下，距离表示的是空间两点的直线距离，从理论上讲，比例因子应等于 1，但由于测量误差的存在，各种空间直角坐标系下的尺度通常不等于 1，而是接近于 1，从而还必须加上一个尺度变化参数，共计有七个参数。七参数坐标转换有多种计算公式，这里只介绍布尔沙转换公式。

若以 $(X_i, Y_i, Z_i)_T$ 和 (X_i, Y_i, Z_i) 分别表示 P_i 点在空间直角坐标系 $O_T\text{-}X_T Y_T Z_T$ 和 $O\text{-}XYZ$ 中的坐标，$(\Delta X_0, \Delta Y_0, \Delta Z_0)$ 表示原点坐标平移量。布尔沙七参数换算公式为

$$\begin{pmatrix} X_i \\ Y_i \\ Z_i \end{pmatrix}_T = \begin{pmatrix} \Delta X_0 \\ \Delta Y_0 \\ \Delta Z_0 \end{pmatrix} + \begin{pmatrix} X_i \\ Y_i \\ Z_i \end{pmatrix} d_K + \begin{pmatrix} 0 & -Z_i & Y_i \\ Z_i & 0 & -X_i \\ -Y_i & X_i & 0 \end{pmatrix} \begin{pmatrix} \varepsilon_x \\ \varepsilon_y \\ \varepsilon_z \end{pmatrix} + \begin{pmatrix} X_i \\ Y_i \\ Z_i \end{pmatrix} \tag{8-8}$$

式中：ε_x，ε_y，ε_z ——三个坐标轴的旋转角度参数；

　　　d_K ——尺度比变化参数。

上式适用于任意两个空间直角坐标系间的相互变换。若把该式的 $(X_i, Y_i, Z_i)_T$ 认为是地面参心坐标系（如 1980 西安坐标系），而 (X_i, Y_i, Z_i) 是 GPS 测量用的 WGS-84 坐标系，则它便是将 WGS-84 观测坐标值向地面参心坐标系 1989 西安坐标系转换的转换公式。

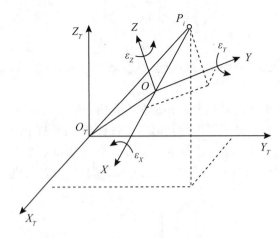

图 8-31 七参数法坐标转换

3. 坐标转换实例

如表 8-5 所示,已知 WGS-84 大地坐标,需要将其转换成北京 1954 高斯平面直角坐标,转换参数如表 8-6 所示(已知 WGS-84 空间直角坐标转换成北京 1954 空间直角坐标转换的七个参数和北京 1954 大地坐标转换成高斯平面直角坐标的投影参数)。

表 8-5 　　　　　　　　　　　**已知 WGS-84 大地坐标**

点号	B(纬度)	L(经度)	H(大地高 m)
A	40°17′41.120″	124°6′4.137″	114.126
B	40°21′16.811″	124°0′38.362″	133.989
C	40°20′16.965″	124°2′18.912″	127.092
D	40°24′23.211″	123°58′46.056″	119.502

表 8-6 　　　　　　　　　**七参数法转换参数和高斯投影参数**

平移	x:92.253m,y:225.700m,z:85.978m
旋转	x:-1.2203″,y:2.3571″,z:-3.3165″
比例	-10.875ppm
投影基准	北京 54 椭球
投影参数	中央子午线 123°,原点纬度 0°,原点假东 500000m, 原点假北 0m,尺度 1

其转换过程如下:

(1) WGS-84 大地坐标(如表 8-5 所示)依据同一椭球基准的坐标转换方法,转换成 WGS-84 空间直角坐标,其转换结果如表 8-7 所示。

表 8-7　　　　　　　　　　　　　　　WGS-84 空间直角坐标

点号	X(m)	Y(m)	Z(m)
A	−2731341.700767	4034000.550011	4103076.954728
B	−2722567.294896	4034753.136585	4108162.023373
C	−2725199.848022	4034411.433977	4106750.657239
D	−2718282.039644	4033136.880737	4112532.457873

(2) 表 8-7 所示 WGS-84 空间直角坐标依据表 8-6 中的七参数(即三个平移、三个旋转和一个比例),转换成北京 1954 空间直角坐标。其方法是:首先输入转换七参数(如图 8-32 所示),然后在源坐标中输入 WGS-84 空间直角坐标(如图 8-33 所示),坐标转换类型选择"七参数转换",最后点击"转换坐标"按钮,即可计算出转换后的北京 1954 空间直角坐标。其转换结果如表 8-8 所示。

图 8-32　输入转换七参数

图 8-33　WGS-84 坐标转换成北京 1954 空间直角坐标

表 8-8　　　　　　　　　　　　　　　北京 1954 空间直角坐标

点号	X(m)	Y(m)	Z(m)
A	−2731331.494588	4034114.188886	4103110.965119
B	−2722557.254349	4034866.878274	4108196.083187
C	−2725189.757224	4034525.145403	4106784.700296
D	−2718272.069655	4033250.683048	4112566.509566

(3) 北京 1954 空间直角坐标依据表 8-6 中的高斯投影参数,转换成如表 8-9 所示的北京 1954 高斯平面直角坐标,转换参数的设置如图 8-34 所示,转换方法如图 8-35 所示。

表 8-9　　　　　　　　　　　北京 1954 高斯平面直角坐标

点号	$x(\mathrm{m})$	$y(\mathrm{m})$
A	4462883.963	593556.598
B	4469445.283	585786.266
C	4467626.789	588180.688
D	4475165.072	583072.412

图 8-34　高斯投影参数设置

图 8-35　北京 1954 空间直角坐标转换成平面坐标

(五) 不同参心坐标系间高斯平面直角坐标的换算

讨论不同参心坐标系间高斯平面直角坐标的换算的实用意义：例如如何把北京 1954 系的高斯平面直角坐标换算为 1980 年国家坐标系的高斯平面直角坐标。一般地说，如果测区范围较小,不同参心坐标系间高斯平面直角坐标的换算可以直接按照平面坐标系四参数进行换算;如果测区范围较大,则不能直接转换,否则转换后将使坐标的精度降低,因为直接按平面直角坐标转换没有考虑到椭球的形状和大小。

当测图范围较大时,应在空间直角坐标系下进行转换,然后再利用同一基准下不同形式的坐标互换的方法,转换成平面坐标。

1. 基于空间直角坐标系的转换法

当测区较大时,不同参心坐标系间高斯平面直角坐标的换算必须考虑到椭球的形状和大小,而且还必须知道相应的投影参数,其转换过程如下:

(1)旧高斯平面直角坐标,按照高斯投影坐标反算公式换算为本参心坐标系中的(旧)大地坐标,即 $(x, y)_{旧} \Rightarrow (B, L)_{旧}$;

(2)旧大地坐标换算成同一基准下的旧空间直角坐标,即 $(B, L)_{旧} \Rightarrow (X, Y, Z)_{旧}$;

(3)旧空间直角坐标按照空间直角系间的坐标换算方法转换成新空间直角坐标,即 $(X, Y, Z)_{旧} \Rightarrow (X, Y, Z)_{新}$;

(4)新空间直角坐标换算成同一基准下的新大地坐标,即 $(X, Y, Z)_{新} \Rightarrow (B, L)_{新}$;

(5)新大地坐标根据新的椭球参数按照高斯投影正算公式,换算为新椭球参心坐标系中的高斯平面直角坐标,即 $(B, L)_{新} \Rightarrow (x, y)_{新}$。

2. 四参数转换法

在实际的测绘工作中,经常会遇到在一个较小的工作区域内同时存在两个平面坐标系的问题,这时通常要进行平面直角坐标系的转换(如图8-36所示)。

二维平面直角坐标系间的坐标变换参数有4个(ΔX_0, ΔY_0, K, ε),即2个平移参数,1个尺度参数,1个旋转参数。当4个参数已知时,可直接进行坐标转换。

$$\left.\begin{array}{l} x_T = \Delta x_0 + kx\cos\varepsilon - ky\sin\varepsilon \\ y_T = \Delta y_0 + kx\sin\varepsilon - ky\cos\varepsilon \end{array}\right\} \tag{8-9}$$

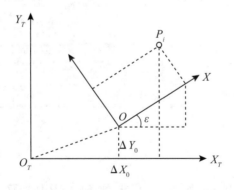

图8-36 平面直角坐标系的转换

例:已知1954北京坐标系下 M 点的平面坐标是 $x = 4657433.324$m, $y = 543212.453$m,已知四参数分别为 X 平移345.543m,Y 平移565.345m,旋转角 $T = 0°01'32.543''$,比例因子 $K = 1.0000321$,试计算转换后的平面直角坐标。

解:按如下步骤操作:

(1) 如图 8-37 所示，输入平面转换的四参数；
(2) 如图 8-38 所示，输入 M 点的源坐标（x=4657433.324m，y=543212.453m）；
(3) 鼠标点击"转换坐标"按钮，得到 M 点的目标坐标（x = 4657684.176m，y = 545884.857m）。

图 8-37　平面转换四参数设置

图 8-38　平面四参数法坐标转换

任务 8.6　工程坐标系的建立

工程坐标系是为满足某些工程的实际需要而建立的一类坐标系的总称。在许多城市测量和工程测量中，直接采用国家坐标系可能会因为远离中央子午线或测区平均高程较大，导致长度投影变形较大，从而难以满足工程的精度要求。对于一些特殊的工程测量，如大桥、大坝、滑坡监测等，有时采用国家坐标系在使用上很不方便。因此，常常会建立适合本地区或本工程的坐标系统。这些坐标系统称为工程坐标系或地方独立坐标系。建立工程坐标系主要考虑两个变形,即高程归化变形和高斯投影变形。

一、长度变形的产生和允许值

我国《城市测量规范》、《工程测量规范》均对控制网的长度综合变形的允许值做出了明确规定,应保证长度综合变形不超过 2.5cm/km,即相对变形不超过 1/40000。国家坐标系为了控制投影变形,虽然采用了分带投影以满足测图或其他工程建设需要,但长度变形依然存在,尤其在投影带边缘不能够满足工程需要,所以很多情况下,需要根据工程实际情况选择适当的坐标系统。投影变形主要由实地测量的长度归化到国家统一的椭球面和椭球面上的长度投影至高斯平面引起的。

实地测量的长度归化到国家统一的椭球面上时,应加入如下改正数:

$$\Delta s = -\frac{H_m}{R_A}s \tag{8-10}$$

式中:R_A——长度所在方向的椭球曲率半径;

H_m——长度所在高程面相对于椭球面的高差;

s——实地测量的水平距离。

为了计算方便,又不损失其精度,R_A 取地球平均曲率半径 6371km,由上面公式计算得知,要使测距边高程归化引起的长度相对变形小于 1/40 000,H_m 应小于 159m。

然后再将椭球面上的长度投影至高斯平面,加入如下改正数:

$$\Delta S = +\frac{y_m^2}{2R^2}S$$

同理,要使高斯投影的距离改化引起的长度相对变形小于 1/40 000,依据上面公式可以计算出 y_m 应小于 45km。

这样,地面上的一段长度,经过 2 次(实地到椭球、椭球到高斯平面)改正化算,就被改变了真实长度。这种高斯投影平面上的长度与地面长度之差,称为长度综合变形。其公式为:

$$\delta = +\frac{y_m^2}{2R^2}S - \frac{H_m}{R_A}s$$

为了方便计算,又不至于损害必要的精度,将椭球视为圆球,取半径 $R \approx R_A \approx$ 6371km,又取椭球面上距离和地面距离近似相等,即 $S \approx s$,将上式写为相对变形的形式,则为:

$$\frac{\delta}{s} = (0.00123y^2 - 15.7H) \times 10^{-5}$$

式中:y——表示测区中心的横坐标(km);

H——表示测区平均高程(km)。

上式表明,采用国家统一坐标系统所产生的长度综合变形,与测区所处投影带内的位置和测区平均高程有关。

二、工程坐标系建立的方法

(一)高斯投影国家统一3°带平面直角坐标系统

将距离由较高的地表高程面化算至较低的椭球面时,长度总是减小的,其长度减少值同距离椭球面的高度成正比,公式如下所示:

$$\Delta D = \frac{H_m}{R_A} D$$

式中:ΔD——地面距离D投影至椭球面的长度缩短值;
H_m——测区平均高程(大地高);
D——地面两点间的距离;
R_A——参考椭球曲率半径。

因为高程归化和高斯投影对于控制网边长的影响为前者缩短和后者伸长,所以当勘测路线的平面位置在国家3°带中央子午线且测区高差不大时,其长度综合变形不会超过1/40000,此时工程坐标系可直接采用3°带高斯平面直角坐标系。

(二)选择"抵偿高程面"作为投影面,按高斯正形投影3°带计算平面直角坐标

设测区的平均高程为H_m(大地高),勘测路线中心附近某点在3°带坐标系中的横坐标为y_0,为使测区中心处的长度变形完全被抵偿,须使高程归化面低于测区平均高程面(其值用H表示),可推出如下公式:

$$\frac{y_0^2}{2R_A^2} \cdot S = \frac{H}{R_A} \cdot D$$

式中:R_A——参考椭球曲率半径;
D——地面两点间的距离;
S——椭球面两点大地线长度。

R_A取地球平均曲率半径6371km,并考虑到S和D距离大致相等,推出如下公式:

$$H = \frac{y_0^2}{2 \times 6371}$$

设抵偿高程归化面大地高为H'_m,则$H'_m = H_m - H$。

例:某测区在高斯投影3度带的坐标$y_0 = 60$km,测区的平均高程$H_m = 200$m,可根据上式计算出抵偿面比平均高程面低$H = 283$m。于是抵偿面高程为$H'_m = H_m - H = -83$m。

解:按抵偿高程面建立工程坐标系的步骤如下:
(1)国家统一高斯平面直角坐标根据高斯反算公式换算成大地坐标;
(2)把大地坐标换算成同一基准下的空间直角坐标;
(3)空间直角坐标根据新的椭球参数(将原椭球长半轴加上H'_m得到新的长半轴,扁率不变)换算成大地坐标;
(4)大地坐标进行高斯投影换算成平面直角坐标,此坐标系即为工程坐标系。

采用抵偿高程面建立工程坐标系时,长度变形完全被抵偿的只有测区的中点,且位于

平均高程面上的边长，因为高斯投影长度变形的大小同测区的横坐标有关，所以抵偿坐标系必须有东西宽度的限制，设测区某边长两端点的横坐标绝对值平均数为 y_m，如果此边长满足长度变形小于 1/40 000 时，则有如下公式：

$$\left| \frac{y_m^2}{2R_A^2} - \frac{y_0^2}{2R_A^2} \right| \leq \frac{1}{40000}$$

R_A 取地球平均曲率半径 6371km，化简得

$$y_m^2 - y_0^2 \leq 2029$$

例如，测区中心国家 3°带的横坐标为 $y_0 = 60$km，用抵偿高程面的方法建立工程坐标系使测区的中心变形完全被抵偿，但测区其他部分的长度变形不能完全被抵偿，可求得向东 $\Delta y = 15$km，向西 $\Delta y = -20$km，即由测区中心起限定最东边缘不得超过 15km，最西边缘不得超过 20km，此时抵偿坐标系的容许东西宽度为 35km，如果超出这个范围，虽然采用了抵偿坐标系，东西边缘的长度变形仍大于规定要求。由此可见，当勘测路线远离 3°带中央子午线，只有东西距离较短的路线才能选用抵偿高程面坐标系。

（三）高斯正形投影任意带平面直角坐标系

此种建立工程坐标系的方法是把地面观测结果归算到参考椭球面上，但投影带的中央子午线不按国家 3°带的划分方法，而是依据抵偿高程面归算长度变形而选择的某一条子午线作为中央子午线。设某勘测路线相对参考椭球面的大地高为 H_m，为使测区中心边长综合变形为零，设抵偿中央子午线与测区中心的距离为 y_m，则有如下公式：

$$\frac{y_m^2}{2R_A^2} = \frac{H_m}{R_A}$$

化简得：

$$y_m = \sqrt{2R_A H_m}$$

任意投影带的中央子午线经度 L_0 可按如下两式计算：

$$L_1 = 180° \times \frac{y_m}{R_A} \times \cos B \times \pi$$

$$L_0 = L - L_1$$

式中：B、L——测区中心位置的纬度和经度；

R_A——参考椭球曲率半径；

L_1——测区中心经度 L 与任意投影带的中央子午线经度 L_0 之差。

（四）投影于高程抵偿面的高斯正形投影任意带平面直角坐标系

基于以上几种方法，如果测区与中央子午线距离较远时，则只有东西范围较短的测区才能使用，如果超过这个范围，则边长的变形将难以满足小于 1/40 000 变形的要求，所以为了使适用的范围增大，则需要选择投影于高程抵偿面的高斯正形投影任意带平面直角坐标系，选择的标准即为使适用测区的范围达到最大，在任意投影带高斯坐标系下，如果横坐标绝对值的平均值为 y_m 的边长综合变形为零，则任意横坐标绝对值的平均值为 y 的边长综合变形小于 1/40 000。

注：y_m，y 不含加常数和投影带号
$$y^2 - y_m^2 < 2025$$
解上面的不等式有

当 $y_m < 45$ 时
$$\sqrt{2025 + y_m^2} > y > -\sqrt{2025 + y_m^2}$$

当 $y_m > 45$ 时
$$\sqrt{2025 + y_m^2} > y > \sqrt{-2025 + y_m^2}$$
$$或 -\sqrt{2025 + y_m^2} < y < -\sqrt{-2025 + y_m^2}$$

考虑到除使测区综合变形小于 1/40000 外，还必须使测区是连续的，因为如果测区两端满足长度变形的限差要求，而中部不能满足长度变形的限差要求的工程坐标系是没有应用价值的，比较上述两个不等式可知：

当 y_m = 45km 时，可以测区的范围达到最大，此条件下求得向东 Δy = 63km，向西 Δy = -63km，即由测区中心起限定东西边缘不超过 63km，即投影带的宽度小于 126km。当测区东西范围不超过 126km 时，通过以下方法建立独立坐标系能够满足规范要求：

其步骤如下：

(1) 选取测区中心经度作为任意带高斯投影中央子午线；

(2) 此坐标系下使距离中央子午线 45km 地段综合长度变形为零，求得抵偿高程归化面大地高为 H_m'；

(3) 依据新的中央子午线和椭球高建立新的坐标系(参照前两种工程坐标系的建立方法)。

(五) 假定平面直角坐标系

当测区控制面积小于 100km² 时，可不进行方向和距离改正，直接把局部地球表面视为平面，建立独立的平面直角坐标系。这时，起算点坐标和起算方位角，最好能和国家网联系，如果联系有困难，可自行测定边长和方位，而起始点坐标可以假定。这种假定平面直角坐标系仅限于某种工程建筑施工使用。

将上述前五种选择局部坐标系统的方法加以比较可以看出：第一种和最后一种使用起来简单，但应用范围受到限制；第二种方法是通过变更投影面来抵偿长度综合变形的，具有换算简便、概念直观等优点；第三种方法是通过变更中央子午线、选择任意带来抵偿长度综合变形的，同样具有概念清晰、换算简便的优点，但换系后的新坐标与原国家统一坐标系坐标差异较大；第四种方法是用既改变投影面，又改变投影带来抵偿长度综合变形的，这种适用于长线路控制测量中多个投影带相互叠加，换系后的新坐标与原国家统一坐标系坐标差异较大，不利于和国家统一坐标系之间的联系；第五种没有考虑到椭球的大小，故只有当测区较小时，才可以使用。

综上所述涵盖了工程坐标系统确立最常见的五种方法。只要掌握勘测公路所处地理位置、路线通过区域海拔高度等线路实际特点，按照本书中介绍的方法，建立恰当的坐标系统，就能使公路测量工作做到事半功倍。

【项目小结】

　　本项目主要介绍了地球椭球及高斯投影计算的原理和方法，测量常用坐标系及其转换，导线外业地面观测元素（水平方向及斜距等）归算至椭球面上，将椭球面上观测元素归算到高斯平面上的方法，以及工程坐标系建立的原理和方法。本章是控制测量的内业数据处理的基础知识。

【课后习题】

　　1. 野外测量的基准面、基准线各是什么？测量计算的基准面、基准线各是什么？为什么野外作业和内业计算要采取不同的基准面？

　　2. 写出参考椭球体的五个基本元素及相互间的关系。

　　3. 什么是地心坐标系，什么是参心坐标系，这两种坐标系有几种表示方法？

　　4. 我国目前常用的坐标系有哪几种？

　　5. 高斯投影应满足哪些条件？6°带和3°带的分带方法是什么？如何计算中央子午线的经度？

　　6. 假定在我国有 3 个控制点的 Y 坐标分别为：41 643257.13m，38 425614.70m，21 376851.00m。试问：

　　（1）它们是 3°带还是 6°带的坐标值？

　　（2）各自中央子午线的经度是多少？

　　（3）这些点在各自带内的哪一象限？

　　7. 高斯投影坐标计算公式包括正算公式和反算公式两部分，各解决什么问题？

　　8. 不同空间直角坐标系的转换能解决哪些实际问题？

　　9. 说明三参数转换和七参数转换的区别和应用的场合。

　　10. 为何要建立工程坐标系，建立工程坐标系的实质是什么？

　　11. 建立工程坐标系的方法有哪几种，各适用于什么条件？

项目 9　控制网平差计算

【项目简介】
　　本项目主要介绍了测量平差的基本原理及应用，并介绍了利用南方平差易软件进行平面、高程控制网的平差计算方法。
【教学目标】
　　使学生掌握测量平差基本理论知识，能够应用南方平差易软件进行控制网的平差计算。控制网平差计算主要包括概算、验算和平差等内容。

任务 9.1　测量平差基础

一、测量误差理论

(一) 观测值与观测误差

1. 观测值

误差理论的研究对象就是观测值。观测值，就是通过观测得到的测量信息。

所谓测量观测值是指用一定的仪器、工具、传感器或其他手段获取的地球与其他实体的空间分布有关信息的数据。测量观测值可以是直接测量的结果，也可以是经过某种变换的结果。

2. 观测误差

任何一个被观测的量，客观上总是存在着代表其真正大小的数值，简称真值。在测量工作中，由于测量仪器、外界条件、测量人员等诸多因素的影响，对某量的测量值不可能是无限精确的，即测量中的误差是不可避免的。我们把对某量(如某一个角度、某一段距离或某两点间的高差等)进行多次观测，所得的各次观测结果存在着的差异，实质上表现为每次测量所得的观测值与该量的真值之间的差值，称为测量误差，也称观测误差，即：

$$测量误差(\Delta) = 真值 - 观测值$$

测量误差存在于一切测量之中，贯穿于测量过程的始终。随着科学技术水平的不断提高，测量误差可以被控制得越来越小，但是却永远不会降低到零。

(二) 误差分类

观测误差按其对观测成果的影响性质，可分为粗差、系统误差、偶然误差三种。

1. 粗差

粗差就是测量中出现的错误,如读错、记错、照错等。这主要是由于工作中的粗心大意而引起的。一般粗差值很大,不仅大大影响测量成果的可靠性,甚至造成返工,给工作带来难以估量的损失,因此必须采取适当的方法和措施,杜绝其发生。

2. 系统误差

在相同的观测条件下,对某量进行一系列的观测,若观测误差的符号及大小保持不变,或按一定的规律变化,这种误差称为系统误差。这种误差往往随着观测次数的增加而逐渐积累,且对测量成果质量影响也特别显著。在实际工作中,应该采用各种方法来消除或减弱系统误差对观测成果的影响,达到实际上可以忽略不计的程度。

3. 偶然误差

在相同的观测条件下作一系列观测,若误差的大小及符号都表现出偶然性,即从单个误差来看,该误差的大小及符号没有规律,但从大量误差的总体来看,具有一定的统计规律,这类误差称为偶然误差或随机误差。

(三) 精度指标

判断观测误差对观测结果的影响,必须建立衡量观测值精准度的标准。测量平差的研究对象是一系列含有误差的观测值。我们知道,当认为仅含偶然误差时,精准度就是精度,因此测量平差把精度作为衡量观测质量的指标。观测质量优劣或者说精度高低,可以按上节组成误差列表、绘制直方图、画出误差分布曲线的方法来比较,但在实际工作中比较麻烦,而且人们需要对精度有一个数字概念来说明误差分布的密集或离散的程度,作为衡量精度的指标。衡量精度的指标有很多种,下面介绍几种常用的精度指标。

1. 中误差

方差是真误差平方 (Δ^2) 的数学期望,也就是 Δ 的理论平均值。在分布律为已知的情况下, $E(\Delta^2)$ 是一个确定的常数。或者说,方差 σ^2 是 $\dfrac{\Delta\Delta}{n}$ 的极限值,它们都是理论上的数值。实际上观测个数 n 总是有限的,由有限个观测值的真误差只能得到方差和中误差的估值,方差 σ^2 和中误差 σ 的估值分别用符号 $\hat{\sigma}^2$ 和 $\hat{\sigma}$ 表示,即

$$\hat{\sigma}^2 = \frac{[\Delta\Delta]}{n}, \quad \hat{\sigma} = \sqrt{\frac{[\Delta\Delta]}{n}} \tag{9-1}$$

这就是根据一组等精度独立真误差计算方差和中误差估值的基本公式。在后续的文字叙述中,在不需要特别强调"估值"意义的情况下,也将"中误差的估值"简称为"中误差"。

例:对同一三角形用不同的仪器分两组各进行了 10 次观测,每次测得内角和的真误差 Δ 为:

第一组:+3″、-3″、+4″、-2″、0″、+3″、-2″、+1″、-1″、0″

第二组:-1″、0″、+8″、+2″、-3″、-7″、0″、+1″、-2″、-1″

求两组观测值的中误差,并比较其精度。

解:$\sigma_1 = \sqrt{\dfrac{3^2 + 3^2 + 4^2 + 2^2 + 0^2 + 3^2 + 2^2 + 1^2 + 1^2 + 0^2}{10}} = 1.3″$

$$\sigma_2 = \sqrt{\frac{1^2+0^2+8^2+2^2+3^2+7^2+0^2+1^2+2^2+1^2}{10}} = 2.7''$$

由于 $\sigma_1<\sigma_2$，说明第一组观测值的离散度小于第二组，故前者的观测精度高于后者。

中误差作为度量观测质量的"尺子"，在测量中形成了各种各样的精度指标。例如三级导线测量中规定测角中误差不超过 12″，测距中误差不超过 15mm；四等水准测量中规定每千米高差中数偶然中误差不超过 5mm；地形测量中地形图图上地物点相对于邻近图根点的点位中误差，一般地区不应超过 0.8mm，等等。上述角度中误差、测距中误差、点位中误差等都称为绝对误差。

2. 极限误差

中误差不是代表个别误差的大小，而是代表误差分布的离散度的大小。由中误差的定义可知，它是代表一组同精度观测误差平方的平均值的平方根极限值，中误差愈小，即表示在该组观测中，绝对值较小的误差愈多。按正态分布表查得，在大量同精度观测的一组误差中，误差落在 $(-\sigma, +\sigma)$、$(-2\sigma, +2\sigma)$ 和 $(-3\sigma, +3\sigma)$ 的概率分别为：

$$\left.\begin{array}{l}P(-\sigma < \Delta < +\sigma) \approx 68.3\% \\ P(-2\sigma < \Delta < +2\sigma) \approx 95.5\% \\ P(-3\sigma < \Delta < +3\sigma) \approx 99.7\%\end{array}\right\} \qquad (9\text{-}2)$$

上式反映了中误差与真误差间的概率关系。绝对值大于中误差的偶然误差，其出现的概率为 31.7%；而绝对值大于两倍中误差的偶然误差出现的概率为 4.5%；特别是绝对值大于三倍中误差的偶然误差出现的概率仅为 0.3%，这已经是概率接近于零的小概率事件，或者说这是实际上的不可能事件。一般以三倍中误差作为偶然误差的极限值 $\Delta_{限}$，并称为极限误差。即：

$$\Delta_{限} = 3\sigma \qquad (9\text{-}3)$$

实践中，也常采用 2σ 作为极限误差。例如测量规范中的限差通常是以 2σ 作为极限误差的。在测量工作中，如果某误差超过了极限误差，那就可以认为它是错误的，相应的观测值应进行重测、补测或舍去不用。

3. 相对误差

衡量测量成果的精度，有时用中误差还不能完全表达观测结果的优劣。例如用钢尺分别丈量两段距离，其结果分别为 100m 和 200m，中误差均为 2cm。显然，后者的精度比前者要高。也就是说观测值的精度与观测值本身的大小有关。相对误差是中误差的绝对值与观测值的比值，通常以分子为 1 的分数形式来表示，即：

$$K = \frac{\sigma}{L}$$

$$K = \frac{1}{L/\sigma} \qquad (9\text{-}4)$$

如上述前者的相对误差 $K_1 = \frac{0.020}{100} = \frac{1}{5000}$，后者的相对误差 $K_2 = \frac{0.020}{200} = \frac{1}{10000}$，说明后者比前者精度高。相对误差是个无名数，而真误差、中误差、容许误差是带有测量单位的数值。

对于真误差与极限误差，有时也用相对误差来表示。例如，经纬仪导线测量时，规范中所规定的相对闭合差不能超过 1/2000，它就是相对极限误差；而在实测中所产生的相对闭合差，则是相对真误差。

例：观测了两段距离，分别为 1000m±2cm 和 500m±2cm。问：这两段距离的真误差是否相等？中误差是否相等？它们的相对精度是否相同？

解：这两段距离的真误差不相等。这两段距离的中误差是相等的，均为±2cm。它们的相对精度不相同，前一段距离的相对中误差为 1/50000，后一段距离的相对中误差为 1/25000。

相对精度是对长度元素而言的。如果不特别说明，相对精度是指相对中误差。角度元素没有相对精度。

（四）测量平差函数模型

在测量工作中，经常涉及某些几何量或物理量大小的问题。为求定某些量的大小，有的可直接测定，但更多的是间接测定，即通过其他量来求得。例如，根据某点的已知坐标，通过直接测定的角度或距离求定另一点的坐标；通过直接测定的时间差和距离差求运行物体的速度和加速度等。在这些情况下，所求量将是已知量的某种函数。

1. 必要观测

所求量与已知量之间的关系是通过某种几何模型或物理模型联系起来的，进而将它们之间的联系通过一定的函数描述出来，这种描述所求量与已知量之间关系的函数表达式称为函数模型。这种关系或函数表达式，我们测量领域把它称为条件或方程。一般把观测值之间的关系称为方程（条件），而把参数之间的关系称为限制条件。例如，为了求定一些点的高程而建立的高程网（包括水准网、三角高程网等），为了求定一些点的平面坐标而建立的平面三角网（包括测角网、测边网、边角网）或导线网、GPS 网，所有这些网就构成了不同形式的几何模型。模型一旦确定了，就可以通过一定的函数表达式来描述网中元素之间的关系，从而建立起函数模型。

在一个模型中，例如在一个高程网中，包含着点与点间的高差、点的高程元素。又如，在一个平面网中，包含着角度、边长、边的坐标等元素。但是，为了唯一地确定一个模型，必须要观测一些量，这些量的个数就称为观测数，用 n 表示。不需要知道其中所有元素的大小，只需要知道其中一部分元素的大小就可以了，这些元素成为必要观测数，用 t 表示；其余的称为多余观测数，用 r 表示。随着模型的不同，它所需要知道的元素个数和类型就有所不同。因此，要唯一地确定某个模型，就必须弄清它最少需要几个元素及哪些类型的元素，也就是前面提到的必要观测。

举例说明，如图 9-1 所示：

（1）要确定图 9-1(a) 中的平面三角形的形状，能唯一确定该模型的是 2 个元素，即其中任意两个角度的组合。例如，β_1、β_2，β_1、β_3 或 β_2、β_3 三种组合中的一种，这两个角度即为唯一确定该模型的必要元素。又例如，在图 9-1(b) 中，假定 $\angle C$ 为已知角，即该角之值为固定值，为了唯一确定三角形的形状，则需要 β_1 或 β_2 中的任一个角度就行了。

（2）要确定图 9-1(c) 中平面三角形的形状和大小，就必需 3 个不同的元素，即任意的一边两角、任意的一角两边或是三边。在这三种情况中，都至少要包含一个边长，否则就只能确定其形状，而不能确定其大小。其中前两种情况各有 9 种组合（三边中的任意一边和三角中的任意两角作为一个组合,或任意一角和任意两边作为一个组合),而后一种情况只有一种组合。又如,在图9-1(d)中,设∠C为已知角,为了唯一确定三角形的形状和大小,只要5个元素的2个元素,如一边一角(6种组合)或两边(3种组合)就行了,但不能是两角,否则就相当于9-1(a)中的情况,只能确定其形状,不能确定其大小。

(3)要确定图9-1(e)中的平面三角形的形状、大小和它在一个特定(二维)坐标系中的位置和方向,则必需图中15个元素之中的6个不同的元素。显然,这6个元素可以构成更多的组合情况,但不论哪一种组合,都至少要包含一个点的坐标(X, Y)和一条边的方位角(T),这是确定其位置与方向不可缺少的元素。通常,将一个点的坐标和一个方位角称为外部配置的必要元素,它们的改变不影响该三角形的内部形状和大小。所以,当三角形中如果没有已知点和已知方位角时,有时也可以任意给定一个点的坐标和一条边的方位角,这就相当于将该三角形定位于某个给定的局部坐标系中。这样,除3个可以任意给定的元素,实际上只要3个元素(变量)就可以了。

例如,在图9-1(f)中,设A、B两点均为已知点(4个固定值),为了确定该三角形的形状、大小、位置和方向,则只需图中9个元素中的任意2个元素(变量)就行了,如两角(或方位角)或一边一角等。

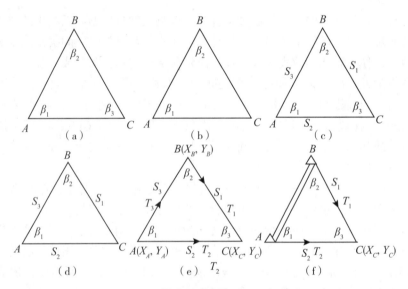

图9-1 各种观测条件下的三角形

2. 函数模型

一般而言,对于任何一个平差问题,假定观测值总个数是n,必要观测数是t,则多余观测数是$r=n-t$。若选用了u个参数,不论$u<t$、$u=t$或$u>t$,也不论参数是否函数独立,每增加1个参数则相应地多产生1个方程,故总共应列出$r+u$个方程。

如果在u个参数中存在s个函数不独立的参数,或者说,在这u个参数(包括$u<t$、$u=t$的情况以及$u>t$,但是其中没有t个独立参数的情况)之间存在s个函数关系式,则应除了列出s个参数的限制条件方程外,还应当列出$c=r+u-s$个观测值和参数的一般条件方程。因此,就形成了如下的函数模型——概括平差的函数模型:

$$F(\underset{c\times 1}{\tilde{L}}, \underset{u\times 1}{\tilde{X}}) = \underset{c\times 1}{0}$$

$$\underset{s\times 1}{\Phi(\underset{u\times 1}{\tilde{X}})} = \underset{s\times 1}{0} \tag{9-5}$$

方程的个数就是 $c+s=r+u$，也就是一般条件方程的个数 c 与参数的限制条件方程的个数 s 之和，必须等于多余观测数 r 与所相应参数的个数 u 之和。如果 $c+s<r+u$，则表明少列了某些条件方程，这样平差后求得的结果将无法使该几何模型完全闭合。如果 $c+s>r+u$，则表示所列的条件存在线性相关的情况，这将造成解点上的困难。

根据平差问题的具体情况，可以选择不同的平差方法，具体地说：

1）条件平差

条件平差是不加入任何参数的一种平差法，即 $u=0$ 的情况。当多余观测数 $r=n-t$ 时，则只要列出 r 个形如 $F(\hat{L})=0$ 的条件方程。

2）间接平差

间接平差是在 r 个多余观测的基础上，再增选 $u=t$ 个独立的参数，故总共应列出 $c=r+u=r+t=n$ 个条件方程，c 表示一般条件方程的方程个数。由于通过 t 个独立参数能唯一地确定一个几何模型，因此就有可能将每个观测量都表达成形如 $\hat{L}=F(\hat{X})$ 的条件方程，亦即观测方程，且方程的个数正好等于 n。

3）附有参数的条件平差

附有参数的条件平差是在 r 个多余观测的基础上，再增选 $u<t$ 个独立的参数，故总共应列出 $c=r+u$ 个形如 $F(\hat{L},\hat{X})=0$ 的一般条件方程。

4）附有限制条件的间接平差

附有限制条件的间接平差是在 r 个多余观测的基础上，再增选 $u>t$ 个参数，且要求在 u 个参数中必须含有 t 个独立的参数，故总共应列出 $r+u$ 个方程。因为在任一几何模型中最多只能选出 t 个独立参数，故一定有 $s=u-t$ 个是不独立参数，换句话说，在 u 个参数中产生了 s 个参数之间的函数关系式，因此还需列出 s 个形如 $\Phi(\hat{X})=0$ 的限制条件方程。由于总共应列出 $r+u$ 个方程，除了必须列出的 s 个限制条件方程之外，还要列出 $c=r+u-s=r+(t+s)-s=r+t=n$ 个一般条件方程。又由于在 u 个参数中包含了 t 个独立参数，该几何模型已被确定，因此就有可能将每个观测量都表达成形如 $\tilde{L}=F(\hat{X})$ 的一般条件方程，亦即观测方程，且方程的个数正好等于 n。

二、条件平差

在一个平差问题中，如果观测值的个数是 n，必要观测次数是 t，则多余观测数是 $r=n-t$，那么条件平差可以列出 r 个条件方程。

条件平差的数学模型：

$$\underset{r,n}{A}\underset{n,1}{V}+\underset{r,1}{W}=0 \tag{9-6}$$

$$\underset{n,n}{D}=\sigma_0^2 Q=\sigma_0^2 p_{n,n}^{-1} \tag{9-7}$$

条件方程的个数等于多余观测数 $r=n-t$。由于 $r<n$，由上式不能求得 V 的唯一解，但可按

最小二乘原理求 V 的最或然值，从而求出观测量的最或然值，又称平差值。

(一) 水准网条件平差

水准网由若干条单一水准路线相互连接构成，在工程实际中使用更多的是水准网。在水准网中，如果只有一个已知高程的水准点，则称为独立水准网；如果已知高程水准点的数目多于一个，则称为附合水准网。

下面介绍水准网按照条件平差法进行平差。

在条件平差中，条件方程的个数等于多余观测的个数，即 $r=n-t$。n 是观测值的个数，是已知的，t 是必要观测的个数。确定条件方程的个数，关键就是确定必要观测的个数。在一个平差问题中，必要观测值的多少取决于测量问题的本身，而不在于观测值的多少。

1. 确定水准网必要观测值数

建立水准网的目的是确定未知点的高程，根据确定一个未知数需要一个独立观测值的原则，即必要观测个数等于未知点个数。在没有已知点的水准网中，必须假定一个点的高程为已知，才能据此确定其余点的高程，这种情况下，必要观测数 t 等于 $n-1$（总点数减 1）。由于假定高程的点在平差中是作为已知点，所以还是归结为：必要观测个数等于未知点个数。

2. 水准网中条件方程的列立方法

(1) 先列附合条件，再列闭合条件。

(2) 附合条件按测段少的路线列立，附合条件的个数等于已知点的个数减一。

(3) 闭合条件按小环列立（保证最简），一个水准网中有多少个小环，就列多少个闭合条件。

3. 条件平差实例

例：如图 9-2 所示，A、B 为已知水准点，其高程 $H_A=+12.013\text{m}$，$H_B=+10.013\text{m}$。为了确定 C、D 点的高程，共观测了四段高差，高差观测值及相应水准路线的路线长度为

$$h_1=-1.004\text{m}, \quad s_1=2\text{km}, \quad h_2=1.516\text{m}, \quad s_2=1\text{km}$$
$$h_3=2.512\text{m}, \quad s_3=2\text{km}, \quad h_4=1.520\text{m}, \quad s_4=1.5\text{km}$$

试按条件平差法求 C、D 点高程的平差值。

解：此例中 $n=4$，$t=2$，$r=n-t=2$，可列出两个条件方程。

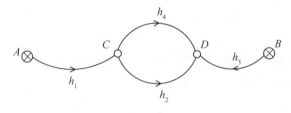

图 9-2 水准网

列条件方程：

$$\left.\begin{array}{r}\hat{h}_1+\hat{h}_2-\hat{h}_3+H_A-H_B=0\\ \hat{h}_2-\hat{h}_4=0\end{array}\right\}$$

由此计算改正数条件方程闭合差

$$\left.\begin{array}{l}w_a=h_1+h_2-h_3+H_A-H_B=0\\ w_b=h_2-h_4=4\end{array}\right\}$$

列出改正数条件方程，确定观测值的权

$$\left.\begin{array}{l}v_1+v_2-v_3+0=0\\ v_2-v_4-4=0\end{array}\right\} \text{或} \begin{bmatrix}1 & 1 & -1 & 0\\ 0 & 1 & 0 & -1\end{bmatrix}\begin{bmatrix}v_1\\ v_2\\ v_3\\ v_4\end{bmatrix}+\begin{bmatrix}0\\ -4\end{bmatrix}=\begin{bmatrix}0\\ 0\end{bmatrix}$$

令 $c=1$，则由定权公式 $p_i=\dfrac{c}{s_i}=\dfrac{1}{s_i}$，有

$$\boldsymbol{P}^{-1}=\begin{bmatrix}\dfrac{1}{p_1} & & & \\ & \dfrac{1}{p_2} & & \\ & & \dfrac{1}{p_3} & \\ & & & \dfrac{1}{p_4}\end{bmatrix}=\begin{bmatrix}s_1 & & & \\ & s_2 & & \\ & & s_3 & \\ & & & s_4\end{bmatrix}=\begin{bmatrix}2 & & & \\ & 1 & & \\ & & 2 & \\ & & & 1.5\end{bmatrix}$$

$$\boldsymbol{N}_{aa}=\boldsymbol{A}\boldsymbol{P}^{-1}\boldsymbol{A}^{\mathrm{T}}=\begin{bmatrix}1 & 1 & -1 & 0\\ 0 & 1 & 0 & -1\end{bmatrix}\begin{bmatrix}2 & 0 & 0 & 0\\ 0 & 1 & 0 & 0\\ 0 & 0 & 2 & 0\\ 0 & 0 & 0 & 1.5\end{bmatrix}\begin{bmatrix}1 & 0\\ 1 & 1\\ -1 & 0\\ 0 & -1\end{bmatrix}=\begin{bmatrix}5 & 1\\ 1 & 2.5\end{bmatrix}$$

组成法方程，求联系数 k。

法方程为：

$$\begin{bmatrix}5 & 1\\ 1 & 2.5\end{bmatrix}\begin{bmatrix}k_a\\ k_b\end{bmatrix}+\begin{bmatrix}0\\ -4\end{bmatrix}=\begin{bmatrix}0\\ 0\end{bmatrix}$$

解出

$$\begin{bmatrix}k_a\\ k_b\end{bmatrix}=-\begin{bmatrix}5 & 1\\ 1 & 2.5\end{bmatrix}^{-1}\begin{bmatrix}0\\ -4\end{bmatrix}=\begin{bmatrix}-0.35\\ 1.74\end{bmatrix}$$

求观测值改正数和平差值，并检核

$$\boldsymbol{V}=\begin{bmatrix}v_1\\ v_2\\ v_3\\ v_4\end{bmatrix}=\boldsymbol{P}^{-1}\boldsymbol{A}^{\mathrm{T}}\boldsymbol{K}=\begin{bmatrix}2 & 0 & 0 & 0\\ 0 & 1 & 0 & 0\\ 0 & 0 & 2 & 0\\ 0 & 0 & 0 & 1.5\end{bmatrix}\begin{bmatrix}1 & 0\\ 1 & 1\\ -1 & 0\\ 0 & -1\end{bmatrix}\begin{bmatrix}-0.35\\ 1.74\end{bmatrix}=\begin{bmatrix}-0.7\\ 1.4\\ 0.7\\ -2.6\end{bmatrix}(\mathrm{mm})$$

$$\hat{h} = \begin{bmatrix} \hat{h}_1 \\ \hat{h}_2 \\ \hat{h}_3 \\ \hat{h}_4 \end{bmatrix} = h + v = \begin{bmatrix} -1.0047 \\ 1.5174 \\ 2.5127 \\ 1.5174 \end{bmatrix} (\text{m})$$

注意代入条件方程检核,无误。

求 C、D 点高程平差值

$$\hat{H} = \begin{bmatrix} \hat{H}_C \\ \hat{H}_D \end{bmatrix} = \begin{bmatrix} \hat{H}_A + \hat{h}_1 \\ \hat{H}_B + \hat{h}_3 \end{bmatrix} = \begin{bmatrix} 11.0083 \\ 12.5257 \end{bmatrix} (\text{m})$$

(二)条件平差的计算步骤

1. 列条件方程式

根据实际问题,确定出总观测值的个数 n、必要观测值的个数 t 及多余观测个数 $r=n-t$,进一步列出最或是值条件方程或改正数条件方程。

2. 组成法方程式

根据条件方程式的系数、闭合差及观测值的权(或协因数阵)组成法方程,法方程的个数等于多余观测的个数。

3. 解算法方程

解算法方程,计算出联系数 K。

4. 计算平差值

将 K 代入改正数方程,计算出观测值改正数 V;并计算出观测值的平差值。

5. 检验

用平差值检验平差计算结果。

6. 精度评定

计算单位权方差,平差值函数的协因数及其中误差,完成精度评定。

三、间接平差

间接平差是通过选定 t 个独立的参数,将每个观测值分别表示成这 t 个独立的参数的函数,建立函数模型,按照最小二乘原理,用求自由极值的方法解出参数的最或然值,从而求得各观测值的平差值。

利用间接平差法进行平差计算,第一步是确定必要观测数 t,选取 t 个独立的参数并根据具体的平差问题列立误差方程。

选取参数的原则:

(1)所选取 t 个待估参数必须相互独立;

(2)所选取 t 个待估参数与观测值的函数关系容易写出来。

(一)水准网间接平差

间接平差是通过选定 t 个未知参数,将观测值的平差值表示为 t 个未知参数的函数,并通过求自由极值的方法引入最小二乘条件,通过法方程首先解出参数的最或是值,从而求得各观测量的平差值。

1. 参数的选定

在高程网平差时,总是选待定点高程作为未知参数;参数的个数等于必要观测个数。

2. 误差方程

误差方程的个数等于观测值的个数。

例:如图 9-3 所示的水准网,其中 A、B 为已知点,P_1、P_2 为待定点。已知高程 H_A = 110.00m,H_B = 130.00m,各线路(编号见图)观测高差为:

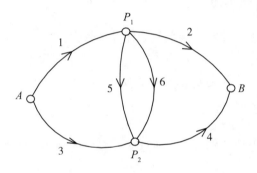

图 9-3 水准网

$$h_1 = 30.005\text{m},\ h_2 = -10.001\text{m},\ h_3 = 40.002\text{m},$$
$$h_4 = -20.005\text{m},\ h_5 = 10.006\text{m},\ h_6 = 10.000\text{m}$$

可设 P_1、P_2 点高程平差值分别为参数 $\hat{X}_1$、$\hat{X}_2$,取近似值

$$X_1^0 = 140.000\text{m},\ X_2^0 = 150.000\text{m}$$

列平差值方程:

$$h_1 = \hat{X}_1 - H_A$$
$$h_2 = -\hat{X}_1 + H_B$$
$$h_3 = \hat{X}_2 - H_A$$
$$h_4 = -\hat{X}_2 + H_B$$
$$h_5 = -\hat{X}_1 + \hat{X}_2$$
$$h_6 = -\hat{X}_1 + \hat{X}_2$$

误差方程常数项计算:

$$l_1 = h_1 - X_1^0 + H_A = 5\text{mm}$$
$$l_2 = h_2 + X_1^0 - H_B = -1\text{mm}$$
$$l_3 = h_3 - X_2^0 + H_A = 2\text{mm}$$

$$l_4 = h_4 - X_2^0 + H_A = -5\text{mm}$$
$$l_5 = h_5 + X_1^0 - X_2^0 = 6\text{mm}$$
$$l_6 = h_6 + X_1^0 - X_2^0 = 0\text{mm}$$

误差方程：

$$v_1 = \hat{x}_1 - 5$$
$$v_2 = -\hat{x}_1 + 1$$
$$v_3 = \hat{x}_2 - 2$$
$$v_4 = -\hat{x}_1 + 5$$
$$v_5 = -\hat{x}_1 + \hat{x}_2 - 6$$
$$v_6 = -\hat{x}_1 + \hat{x}_2$$

(二) 间接平差的计算步骤

归纳以上内容可得出水准网间接平差的计算步骤为：

1. 选定未知参数

根据平差问题的性质，确定必要观测个数 t，选定 t 个独立量作为参数，一般选取待定点高程作为未知参数。

2. 列出误差方程

将每一段高差的平差值分别表示成所选未知参数的函数，即平差值方程，并列出误差方程。

3. 组成法方程

由误差方程的系数 B 与自由项 l 组成法方程式，法方程式的个数等于未知数的个数 t。

4. 解算法方程

解算法方程，求解未知参数 $\hat{X}$，计算未知参数的平差值。

5. 计算改正数 v

将未知参数 $\hat{X}$ 代入误差方程，求解改正数，并求出观测值的平差值，即待定点平差的高程。

任务9.2 常用控制网平差软件应用

目前，市面上可以用于平面控制网平差计算的软件非常丰富，上互联网上搜寻一下，可以找到很多，有业余软件，也有专业软件，有收费软件，也有免费软件。总之，总能找到一款软件适合我们使用。目前业界较常用的软件有 PA2005、NASEW2008、COSA 等。

下面主要介绍如何应用南方平差易软件进行导线平差计算。

一、平差易系统简介

平差易(Power Adjust 2005，PA2005)是南方测绘公司在 Windows 系统下用 VC 开发的

控制测量数据处理软件。该软件采用了 Windows 风格的数据输入技术和多种数据接口技术（南方系列产品接口、其他软件文件接口），同时辅以网图动态显示，实现了从数据采集、数据处理和成果打印的一体化。该软件成果输出功能丰富强大、多种多样，平差报告完整详细，报告内容也可根据用户需要自行定制，另有详细的精度统计和网形分析信息等。该软件界面友好、功能强大、操作简便，是控制测量理想的数据处理软件之一。

二、系统功能菜单

启动平差易的执行程序后即可进入平差易的主界面。主界面中包括测站信息区、观测信息区、图形显示区以及顶部下拉菜单和工具条。PA2005 的操作界面主要分为两部分：顶部下拉菜单和工具条，如图 9-4 所示。

图 9-4　PA2005 主界面

平差易的系统功能菜单与 Windows 系统下应用软件的菜单基本相似，所有 PA2005 的功能都包含在顶部的下拉菜单中，可以通过操作平差易下拉菜单来完成平差计算的所有工作。例如文件读入和保存、平差计算、成果输出等。下面对各功能菜单及工具条进行简单介绍。

（1）文件菜单：本菜单包含文件的新建、打开、保存、导入、平差向导和打印等。

（2）编辑菜单：本菜单包括查找记录、删除记录。

（3）平差菜单：本菜单包括控制网属性、计算方案、闭合差计算、坐标推算、选择概算和平差计算等。

（4）成果菜单：本菜单包括精度统计、图形分析、CASS 输出、WORD 输出、略图输出和闭合差输出等。当没有平差结果时该对话框为灰色。

（5）窗口菜单：本菜单包括平差报告、网图、报表显示比例、平差属性、网图属性等。

（6）工具菜单：本菜单包括坐标换算、解析交会、大地正反算、坐标反算等。

(7)工具条:下拉菜单中的常用功能都汇集于工具条上,有:保存、打印、视图显示、平差和查看平差报告等功能。

三、平差易控制网数据处理过程

使用平差易做控制网平差计算,其操作步骤如下:
(1)控制网数据录入;
(2)坐标推算;
(3)坐标概算;
(4)选择计算方案;
(5)闭合差计算与检核;
(6)平差计算;
(7)平差报告的生成和输出。
作业流程图如图9-5所示:

图9-5 作业流程图

四、平差易平差的数据文件组织

平差易平差数据的录入分数据文件读入和直接键入两种。

(一)平差易平差数据文件的编辑

平差易软件有其自己的专用平差数据格式,为此,在采用打开方式或向导平差方法进行平差时,必须完成其观测值数据文件的编辑工作。其文件格式是txt,为纯文本文件,可以用记事本打开编辑此文件。

文件格式具体如下所示:

[NET]　　　　　　　　　　　　——文件头，保存控制网属性
Name：　　　　　　　　　　——控制网名
Organ：　　　　　　　　　　——单位名称
Obser：　　　　　　　　　　——观测者
Computer：　　　　　　　　——计算者
Recorder：　　　　　　　　 ——记录者
Remark：　　　　　　　　　——备注
Software：南方平差易2005　——计算软件

[PARA]　　　　　　　　　　——文件头，保存控制网基本参数
M0：　　　　　　　　　　　 ——验前单位权中误差
MS：　　　　　　　　　　　 ——测距仪固定误差
MR：　　　　　　　　　　　 ——测距仪比例误差
DistanceError：　　　　　　——边长中误差
DistanceMethod：　　　　　 ——边长定权方式
LevelMethod：　　　　　　　——水准定权方式
Method：　　　　　　　　　 ——平差方法(0表示单次平差，1表示迭代平差)
LevelTrigon：　　　　　　　——水准测量或三角高程测量
TrigonObser：　　　　　　　——单向或对向观测
Times：　　　　　　　　　　——平差次数
Level：　　　　　　　　　　——平面网等级
Level1：　　　　　　　　　 ——水准网等级
Limit：　　　　　　　　　　——限差倍数
Format：　　　　　　　　　 ——格式(如：1全部；2边角等)

[STATION]　　　　　　　　　——文件头，保存测站点数据
测站点名，点属性，X，Y，H，偏心距，偏心角

[OBSER]　　　　　　　　　　——文件头，保存观测数据
照准点，方向值，观测边长，高差，斜距，垂直角，偏心距，偏心角，零方向值

注意：[STATION]中的点属性表示控制点的属性，00表示高程、坐标都未知的点，01表示高程已知坐标未知的点，10表示坐标已知高程未知的点，11表示高程坐标都已知的点。

在输入测站点数据和观测数据中，中间空的数据用","分隔，如果在最后一个数据后面已没有观测数据，可以省略","。例如观测数据：A,，100，1.023表示照准点是A点，观测边长为100m，观测高差为1.023m。可以看出观测高差后的其余观测数据省略，而方向值用","分隔。

按此格式完整编辑好的数据文件读入PA2005后，即可直接进行平差。用户也可不编辑[NET]和[PARA]的内容，只编辑[STATION]和[OBSER]的内容，将数据读入PA2005

中后,在 PA2005 中进行诸如网名、平差次数等参数的设置,设置完后再进行平差计算。

(二)平差易控制网平差数据的手工输入

PA2005 为手工数据键入提供了一个电子表格,以"测站"为基本单元进行操作,键入过程中 PA2005 将自动推算其近似坐标和绘制网图。如图 9-6 所示。

图 9-6 电子表格输入 1

下面介绍如何在电子表格中输入数据。首先,在测站信息区中输入已知点信息(点名、属性、坐标)和测站点信息(点名);然后,在观测信息区中输入每个测站点的观测信息。如图 9-7 所示。

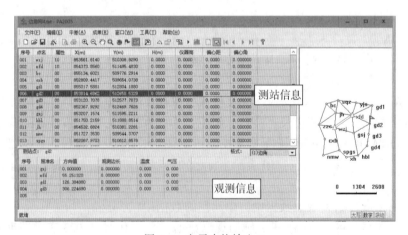

图 9-7 电子表格输入 2

1. 测站信息数据的录入

(1)"序号":指已输测站点个数,它会自动叠加。

(2)"点名":指已知点或测站点的名称。

(3)"属性":用以区别已知点与未知点:

00 表示该点是未知点;10 表示该点是平面坐标而无高程的已知点;01 表示该点是无平面坐标而有高程的已知点;11 表示该已知点既有平面坐标也有高程。

(4)"X、Y、H":分别指该点的纵、横坐标及高程(X:纵坐标,Y:横坐标)。

(5)"仪器高":指该测站点的仪器高度,它只有在三角高程的计算中才使用。

(6)"偏心距、偏心角":指该点测站偏心时的偏心距和偏心角。(不需要偏心改正时则可不输入数值)

2. 观测信息录入

观测信息与测站信息是相互对应的,当某测站点被选中时,观测信息区中就会显示当该点为测站点时所有的观测数据。故当输入了测站点时需要在观测信息区的电子表格中输入其观测数值。第一个照准点即为定向,其方向值必须为 0,而且定向点必须是唯一的。

(1)"照准名":指照准点的名称。

(2)"方向值":指观测照准点时的方向观测值。

(3)"观测边长":指测站点到照准点之间的平距。(在观测边长中只能输入平距)

(4)"高差":指测站点到观测点之间的高差。

(5)"垂直角":指以水平方向为零度时的仰角或俯角。

(6)"觇标高":指测站点观测照准点时的棱镜高度。

(7)"偏心距、偏心角、零方向角":指该点照准偏心时的偏心距和偏心角。(不需要偏心改正时则可不输入数值)

(8)"温度":指测站点观测照准点时的当地实际温度。

(9)"气压":指测站点观测照准点时的当地实际气压。(温度和气压只参与概算中的气象改正计算)

五、导线平差计算

扫描右侧二维码可查看微课"南方平差易软件操作——闭合导线平差计算"。

(一)导线数据输入

这是一条附合导线的测量数据和简图,A、B、C 和 D 是已知坐标点,2、3 和 4 是待测的控制点。

原始测量数据如表 9-1 所示:

表 9-1 导线原始数据表

测站点	角度(° ′ ″)	距离(m)	x(m)	y(m)
B			8345.8709	5216.6021
A	85.30211	1474.4440	7396.2520	5530.0090

续表

测站点	角度(° ′ ″)	距离(m)	x(m)	y(m)
2	254.32322	1424.7170		
3	131.04333	1749.3220		
4	272.20202	1950.4120		
C	244.18300		4817.6050	9341.4820
D			4467.5243	8404.7624

导线图如图9-8所示：

图9-8 导线图

在平差易软件中输入以上数据，如图9-9所示：

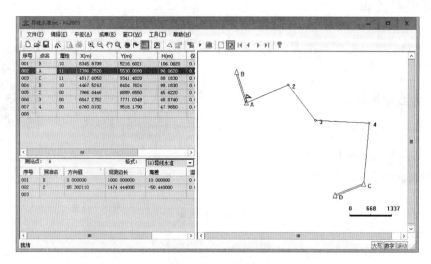

图9-9 数据输入

在测站信息区中输入 A、B、C、D、2、3 和 4 号测站点，其中 A、B、C、D 为已知坐标点，其属性为 10，其坐标如"原始数据表"；2、3、4 点为待测点，其属性为 00，其他信息为空。如果要考虑温度、气压对边长的影响，就需要在观测信息区中输入每条边的实际温度、气压值，然后通过概算来进行改正。

根据控制网的类型选择数据输入格式，此控制网为边角网，选择边角格式，如图 9-10 所示：

图 9-10　选择格式

在观测信息区中输入每一个测站点的观测信息，为了节省空间只截取观测信息的部分表格示意图，如表 9-1 所示，B、D 作为定向点，它没有设站，所以无观测信息，但在测站信息区中必须输入它们的坐标。

以 A 为测站点，B 为定向点时（定向点的方向值必须为零），照准 2 号点的数据输入如图 9-11 所示：

测站点：	A		格式：	(1)边角	
序号	照准名	方向值	观测边长	温度	气压
001	B	0.000000	1000.000000	0.000	0.000
002	2	85.302110	1474.444000	0.000	0.000

图 9-11　测站 A 的观测信息

以 C 为测站点，4 号点为定向点时，照准 D 点的数据输入如图 9-12 所示：

测站点：	C		格式：	(1)边角	
序号	照准名	方向值	观测边长	温度	气压
001	4	0.000000	0.000000	0.000	0.000
002	D	244.183000	1000.000000	0.000	0.000

图 9-12　测站 C 的观测信息

以 2 号点为测站点，A 为定向点时，照准 3 号点的数据输入如图 9-13 所示：

测站点：	2		格式：	(1)边角	
序号	照准名	方向值	观测边长	温度	气压
001	A	0.000000	0.000000	0.000	0.000
002	3	254.323220	1424.717000	0.000	0.000

图 9-13　测站 2 的观测信息

以 3 号点为测站点，2 号点为定向点时，照准 4 号点的数据输入如图 9-14 所示：

测站点：	3		格式：	(1)边角	
序号	照准名	方向值	观测边长	温度	气压
001	2	0.000000	0.000000	0.000	0.000
002	4	131.043330	1749.322000	0.000	0.000

图 9-14 测站 3 的观测信息

以 4 号点为测站点，3 号点为定向点时，照准 C 点的数据输入如图 9-15 所示：

测站点：	4		格式：	(1)边角	
序号	照准名	方向值	观测边长	温度	气压
001	3	0.000000	0.000000	0.000	0.000
002	C	272.202020	1950.412000	0.000	0.000

图 9-15 测站 4 的观测信息

说明：①数据为空或前面已输入过时可以不输入(对向观测除外)；
②在电子表格中输入数据时，所有零值可以省略不输。

以上数据输入完后，点击菜单"文件\另存为"，将输入的数据保存为平差易数据格式文件：

[STATION]（测站信息）
B,10,8345.870900,5216.602100
A,10,7396.252000,5530.009000
C,10,4817.605000,9341.482000
D,10,4467.524300,8404.762400
2,00
3,00
4,00

[OBSER]（观测信息）
A,B,,1000.0000
A,2,85.302110,1474.4440
C,4
C,D,244.183000,1000.0000
2,A
2,3,254.323220,1424.7170
3,2
3,4,131.043330,1749.3220
4,3
4,C,272.202020,1950.4120

上面[STATION]（测站点）是测站信息区中的数据，[OBSER]（照准点）是观测信息区中的数据。

(二) 平差计算

用鼠标点击菜单"平差\平差计算"即可进行控制网的平差计算。如图 9-16 所示：

图 9-16　平差计算

平面网可按"方向"或"角度"进行平差，它根据验前单位权中误差(单位：度分秒)和测距的固定误差及比例误差来计算。

(三) 平差报告的生成与输出

1. 精度统计表

点击菜单"成果\精度统计"即可进行该数据的精度分析。

精度统计主要统计在某一误差分配的范围内点的个数。在此直方图统计表中可以看出在误差 2~3cm 区分配的点最多为 11 个点，在 0~1cm 区分配的点有 3 个。

2. 网形分析

点击菜单"成果\网形分析"即可进行网形分析。

最弱信息：最弱点(离已知点最远的点)，最弱边(离起算数据最远的边)。

边长信息：总边长，平均边长，最短边长，最大边长。

角度信息：最小角度，最大角度。(测量的最小或最大夹角)

3. 平差报告

平差报告包括控制网属性、控制网概况、闭合差统计表、方向观测成果表、距离观测成果表、高差观测成果表、平面点位误差表、点间误差表、控制点成果表等。也可根据自己的需要选择显示或打印其中某一项，成果表打印时其页面也可自由设置。它不仅能在 PA2005 中浏览和打印，还可输入到 Word 中进行保存和管理。

输出平差报告之前可进行报告属性的设置。设置内容有：成果输出中的统计页、观测值、精度表、坐标表、闭合差等，需要打印某种成果表时就在相应的成果表前打"√"

即可。

六、水准网平差计算

扫描右侧二维码可查看微课"南方平差易软件操作——水准网平差计算"。

表 9-2 和图 9-17 为一条附合水准的测量数据和简图，A 和 B 是已知高程点，2、3 和 4 是待测的高程点。图 9-17 中 h 为高差。

表 9-2　　　　　　　　　　　水准原始数据表

测站点	高差(m)	距离(m)	高程(m)
A			96.062
	−50.440	1474.444	
2			
	+3.252	1424.717	
3			
	−0.908	1749.322	
4			
	+40.218	1950.412	
B			88.183

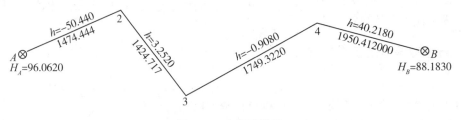

图 9-17　水准路线图

在平差易软件中输入以上数据，如图 9-18 所示。

在测站信息区中输入 A、B、2、3 和 4 号测站点，其中 A、B 为已知高程点，其属性为 01，其高程见表 9-2；2、3、4 点为待测高程点，其属性为 00，其他信息为空。因为没有平面坐标数据，故在平差易软件中没有网图显示。

根据控制网的类型选择数据输入格式，此控制网为水准网，选择水准格式，如图 9-19 所示。

注意：

①在"计算方案"中要选择"一般水准"，而不是"三角高程"。

"一般水准"所需要输入的观测数据为：观测边长和高差。

"三角高程"所需要输入的观测数据为：观测边长、垂直角、觇标高、仪器高。

②在一般水准的观测数据中输入了测段高差就必须要输入相对应的观测边长，否则平差计算时该测段的权为零，因此导致计算结果错误。

图 9-18　水准数据输入

图 9-19　选择格式

在观测信息区中输入每一组水准观测数据：

测段 A 点至 2 号点的观测数据输入（观测边长为平距）如图 9-20 所示。

图 9-20　A—2 观测数据

测段 2 号点至 3 号点的观测数据输入如图 9-21 所示。

图 9-21　2—3 观测数据

测段 3 号点至 4 号点的观测数据输入如图 9-22 所示。

图 9-22　3—4 观测数据

测段4号点至B点的观测数据输入如图9-23所示。

图9-23 4—B观测数据

以上数据输入完后,点击菜单"文件 \ 另存为",将输入的数据保存为平差易数据格式文件:

[STATION]
A,01,,,96.062000
B,01,,,88.183000
2,00
3,00
4,00
[OBSER]
A,2,,1474.444000,-50.4400
2,3,,1424.717000,3.2520
3,4,,1749.322000,-0.9080
4,B,,1950.412000,40.2180

七、三角高程控制网平差计算

表9-3和图9-24是三角高程的测量数据和简图,A和B是已知高程点,2、3和4是待测高程点。图9-24中r为垂直角。

表9-3 三角高程原始数据表

测站点	距离(m)	垂直角(° ′ ″)	仪器高(m)	觇标高(m)	高程(m)
A			1.30		96.0620
	1474.444	1.0440			
2			1.30	1.34	
	1424.717	3.2521			
3			1.35	1.35	
	1749.322	-0.3808			
4			1.45	1.50	
	1950.412	-2.4537			
B				1.52	95.9716

图 9-24　三角高程路线图

在平差易软件中输入以上数据，如图 9-25 所示。

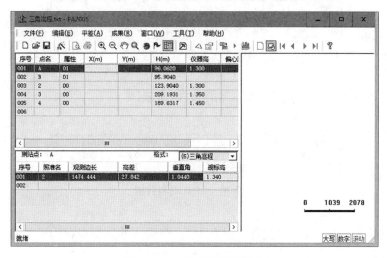

图 9-25　三角高程数据输入

在测站信息区中输入 A、B、2、3 和 4 号测站点，其中 A、B 为已知高程点，其属性为 01，其高程见表 9-3；2、3、4 号点为待测高程点，其属性为 00，其他信息为空。因为没有平面坐标数据，故在平差易软件中也没有网图显示。

此控制网为三角高程，选择三角高程格式，如图 9-26 所示。

图 9-26　选择格式

注意：在"计算方案"中要选择"三角高程"，而不是"一般水准"。
在观测信息区中输入每一个测站的三角高程观测数据。
测段 A 点至 2 号点的观测数据输入如图 9-27 所示。

图 9-27　A—2 观测数据

测段 2 号点至 3 号点的观测数据输入如图 9-28 所示。

图 9-28　2—3 观测数据

测段 3 号点至 4 号点的观测数据输入如图 9-29 所示。

图 9-29　3—4 观测数据

测段 4 号点至 B 点的观测数据输入如图 9-30 所示。

图 9-30　4—B 观测数据

以上数据输入完后，点击"文件 \ 另存为"，将输入的数据保存为平差易格式文件为：
［STATION］
A,01,,,96.062000,1.30
B,01,,,95.97160,
2,00,,,,1.30
3,00,,,,1.35
4,00,,,,1.45
［OBSER］
A,2,,1474.444000,27.842040,,1.044000,1.340
2,3,,1424.717000,85.289093,,3.252100,1.350
3,4,,1749.322000,-19.353448,,-0.380800,1.500
4,B,,1950.412000,-93.760085,,-2.452700,1.520

平差易软件中也可进行导线水准和三角高程导线的平差计算，数据输入的方法与上述的几乎一样，但要注意将控制网的类型格式选择为"（6）导线水准"或"（7）三角高程导线"。

以上介绍了电子表格的数据录入方法，为了便于讲解 PA2005 的平差操作全过程，这里我们以 Demo 下的"三角高程导线 . txt"文件为例讲解平差操作过程。

1. 打开数据文件

点击菜单"文件 \ 打开"，在图 9-31"打开文件"对话框中找到"三角高程导线 . txt"。

图 9-31 打开文件

2. 近似坐标推算

根据已知条件(测站点信息和观测信息)推算出待测点的近似坐标,作为构成动态网图和为导线平差作基础。

用鼠标点击菜单"平差 \ 推算坐标"即可进行坐标的推算,如图 9-32 所示。

图 9-32 坐标推算

注意：每次打开一个已有数据文件时，PA2005会自动推算各个待测点的近似坐标，并把近似坐标显示在测站信息区内。当数据输入或修改原始数据时，则需要用此功能重新进行坐标推算。

3. 选择概算

主要对观测数据进行一系列的改化，根据实际的需要来选择其概算的内容并进行坐标的概算，如图9-33所示。

图9-33 选择概算

选择概算的项目有：归心改正、气象改正、方向改化、边长投影改正、边长高斯改化、边长加乘常数和Y含500公里。需要参与概算时在项目前打"√"即可。

1）归心改正

归心改正根据归心元素对控制网中的相应方向做归心计算。在平差易软件中只有在输入了测站偏心或照准偏心的偏心角和偏心距等信息时才能够进行此项改正。如没有进行偏心测量，则概算时就不进行此项改正。

2）气象改正

气象改正就是改正测量时温度、气压和湿度等因素对测距边的影响。

注意：如果外业作业时已经对边长进行了气象改正或忽略气象条件对测距边的影响，那么就不用选择此项改正。如果选择了气象改正就必须输入每条观测边的温度和气压值，否则将每条边的温度和气压分别当作零来处理。

3）方向改化

方向改化是将椭球面上的方向值归算到高斯平面上。

4）边长投影改正

边长投影改正的方法有两种：一种为已知测距边所在地区大地水准面对于参考椭球面的高度而对测距边进行投影改正；另一种为将测距边投影到城市平均高程面的高程上。

5）边长高斯改化

边长高斯改化也有两种方法，它根据"测距边水平距离的高程归化"的选择不同而不同。

6）边长加乘常数

利用测距仪的加乘常数对测边进行改正。

7）Y 含 500 公里

若 Y 坐标包含了 500 公里常数，则在高斯改化时，软件将 Y 坐标减去 500 公里后再进行相关的改化和平差。

概算结束后的提示如图 9-34 所示：

图 9-34　概算结束后提示对话框

点击"是"后，可将概算结果保存为 txt 文本。

4. 计算方案的选择

选择控制网的等级、参数和平差方法。

注意：对于同时包含了平面数据和高程数据的控制网，如三角网和三角高程网并存的控制网，一般处理过程应为：先进行平面网处理，然后在高程网处理时 PA2005 会使用已经较为准确的平面数据，如距离等，来处理高程数据。对精度要求很高的平面高程混合网，用户也可以在平面和高程处理间多次切换，迭代出精确的结果。

用鼠标点击菜单"平差/平差方案"即可进行参数的设置，如图 9-35 所示。

1）选择平面控制网的等级

PA2005 提供的平面控制网等级有：国家二等、三等、四等，城市一级、二级，图根及自定义。此等级与它的验前单位权中误差是一一对应的。

2）边长定权方式

包括测距仪、等精度观测和自定义。根据实际情况选择定权方式。

（1）测距仪定权：通过测距仪的固定误差和比例误差计算出边长的权。

"测距仪固定误差"和"测距仪比例误差"是测距仪的检测常数，它是根据测距仪的实际检测数值（单位为毫米）来输入的（此值不能为零或空）。

（2）等精度观测：各条边的观测精度相同，权也相同。

（3）自定义：自定义边长中误差。此中误差为整个网的边长中误差，它可以通过每条边的中误差来计算。

闭合差计算限差倍数：闭合导线的闭合差容许超过限差（$M\sqrt{N}$）的最大倍数。

水准高差闭合差限差：规范容许的最大水准高差闭合差。其计算公式：$n \times \sqrt{L}$，其中

图 9-35 参数设置

n 为可变的系数，L 为闭合路线总长，以千米为单位。如果在"水准高差闭合差限差"前打"√"，可输入一个高程固定值作为水准高差闭合差。

三角高程闭合差限差：规范容许的最大三角高程闭合差。其计算公式：$n \times \sqrt{[N^2]}$，其中 n 为可变的系数，N 为测段长，以千米为单位，$[N^2]$ 为测段距离平方和。

大气折光系数：改正大气折光对三角高程的影响。其计算公式：$\Delta H = \dfrac{1-K}{2R}S^2$，其中 K 为大气垂直折光系数(一般为 0.10~0.14)，S 为两点之间的水平距离，R 为地球曲率半径。此项改正只对三角高程起作用。

5. 闭合差计算与检核

根据观测值和"计算方案"中的设定参数来计算控制网的闭合差和限差，从而来检查控制网的角度闭合差或高差闭合差是否超限，同时检查分析观测粗差或误差。点击"平差/闭合差计算"，如图 9-36 所示。

左边的闭合差计算结果与右边的控制网图是动态相连的(右图中用红色表示闭合导线或中点多边形)，它将数和图有机地结合在一起，使计算更加直观、检测更加方便。

"闭合差"：表示该导线或导线网的观测角度闭合差。

"权倒数"：即导线测角的个数。

"限差"：其值为权倒数开方×限差倍数×单位权中误差(平面网为测角中误差)。

对导线网，闭合差信息区包括 f_x、f_y、f_d、K、最大边长、平均边长以及角度闭合差等信息。若为无定向导线则无 f_x、f_y、f_d、K 等项。闭合导线中若边长或角度输入不全也没有 f_x、f_y、f_d、K 等项。

在闭合差计算过程中"序号"前面的"!"表示该导线或网的闭合差超限，"√"表示该

图 9-36 闭合差计算

导线或网的闭合差合格,"╳"则表示该导线没有闭合差。

注意:

闭合导线中没有 f_x、f_y、f_d、$[s]$、k 和平均边长的原因为该闭合导线数据输入中边长或角度输入不全(要输入所有的边长和角度)。

通过闭合差可以检核闭合导线是否超限,甚至可检查到某个点的角度输入是否有错。

【项目小结】

本项目主要介绍利用南方平差易进行导线网、水准网的平差计算。

【课后习题】

1. 使用南方平差易软件处理控制网时,用以区别已知点与未知点:有平面坐标而无高程的已知点,无平面坐标而有高程的已知点,既有平面坐标也有高程的已知点,未知点的属性应当如何设置?

2. 使用南方平差易软件处理闭合导线时,起算方位角通过何种方式录入?

项目10　控制测量技术总结

【项目简介】

本章主要阐述了控制测量技术设计的一般规定与基本原则,控制测量技术设计包括的内容,控制测量技术总结的各项内容,同时介绍了控制测量技术总结的实例。

【教学目标】

通过本章的学习,学生能独立完成控制测量技术设计、控制测量技术总结的撰写。

任务10.1　控制测量技术总结的编制

在完成测绘生产任务的外业观测与内业计算之后,必须编写测绘技术总结,以对控制测量工作的完成情况和技术设计的执行情况进行全面总结。国家于1991年曾颁布国家行业标准《测绘技术总结编写规定》(CH 1001—91),于2005年对其进行了修改,即中华人民共和国测绘行业标准《测绘技术总结编写规定》(CH/T 1001—2005),以替代 CH 1001—91,并于2006年1月1日开始实施。

测绘技术总结是在测绘任务完成后,对测绘技术设计文件和技术标准、规范等的执行情况,技术设计方案实施中出现的主要技术问题和处理方法,成果(或产品)质量、新技术的应用等进行分析研究、认真总结,并作出的客观描述和评价。测绘技术总结为用户(或下工序)的合理使用提供方便,为测绘单位持续质量改进提供依据,同时也为测绘技术设计、有关技术标准、规定的制定提供资料。测绘技术总结是与测绘成果(或产品)有直接关系的技术性文件,是长期保存的技术性档案。

测绘技术总结分项目总结和专业技术总结。专业技术总结是测绘项目中所包含的各测绘专业活动在其成果(或产品)检查合格后,分别总结撰写的技术文档。专业技术总结所包含的测绘专业活动范畴以及各测绘专业活动的作业内容遵照 CH/T 1004—2005 中 5.3.3 的规定。项目总结是一个测绘项目在其最终结果(或产品)检查合格后,在各专业技术总结的基础上,对整个项目所作的技术总结。对于工作量较小的项目,可根据需要将项目总结和专业技术总结合并为项目总结。

项目总结由承担项目的法人单位负责编写或组织编写;专业技术总结由具体承担相应测绘专业任务的法人单位负责编写。具体的编写工作通常由单位的技术人员承担。技术总结编写完成后,单位总工程师或技术负责人应对技术总结编写的客观性、完整性等进行审核并签字,并对技术总结编写的质量负责。技术总结经审核、签字后,随测绘成果(或产品)、测绘技术设计文件和成果(或产品)检查报告一并上交和归档。

1. 测绘技术总结编写的主要依据

(1)测绘任务书或合同的有关要求,顾客的书面要求或口头要求的记录,市场的需求或期望。

(2)测绘技术设计文件、相关的法律、法规、技术标准和规范。

(3)测绘成果(或产品)的质量检查报告。

(4)适用时,以往测绘技术设计、测绘技术总结提供的信息以及现有生产过程和产品的质量记录和有关数据。

(5)其他有关文件的资料。

2. 测绘技术总结的编写要求

(1)内容真实、全面,重点突出。说明和评价技术要求的执行情况时,不应简单抄录设计书的有关技术要求;应重点说明作业过程中出现的主要技术问题和处理方法、特殊情况的处理及其达到的效果、经验、教训和遗留问题等。

(2)文字应简明扼要,公式、数据和图表应准确,名词、术语、符号和计量单位等均应与有关法规和标准一致。

扫描右侧二维码可查看"昌图县三江口镇 1∶1000 数字化地形图测绘技术总结"。

任务10.2　技术总结实例

一、实例一：××市地铁九号线一期精密导线测量专业技术总结

(一)概况

1. 工程简介

××××勘察测绘院受××地铁集团有限公司委托,承担××市地铁九号线一期精密导线测量任务。

××市地铁九号线一期(怒江公园站—石庙子站)线路呈西半环,北起怒江公园西侧,由北向南沿西江街、淮河街、兴华街、艳粉街、腾飞二街走行,下穿揽军路公铁桥后,沿细河路向西走行至大通湖街左转,沿大通湖街向南,穿过浑河进入曹仲地区,穿哈大客专高架桥后,沿浑河大道向东,行至石庙子,途经皇姑区、铁西区、于洪区、和平区、东陵区(浑南新区),与地铁网规划中的其他九条轨道有十三处交叉换乘。

一期工程全部为地下线,共设 28 站。全长 37.2 千米。

为满足工程建设需要,在地铁九号线一期首级 GPS 平面控制网的基础上布设地铁九号线一期精密导线。本次工程于 2012 年 10 月 10 日至 10 月 28 日完成全部工作。

2. 已有控制资料

采用 21 个 GPS 首级成果,作为本次精密导线的起算数据。

3. 作业依据

《城市轨道交通工程测量规范》(GB 50308—2008);

《全球定位系统(GPS)测量规范》(GB/T 18314—2009);

《工程测量规范》(GB 50026—2007);

《卫星定位城市测量技术规范》(CJJ/T 73—2010)；
《测绘成果质量检查与验收》(GB/T 24356—2009)；
××市地铁九号线一期工程线路平面示意图及设计资料。

4. 仪器设备

本次工程采用徕卡 TCRP1201+(编号：266653)全站仪进行测量，其测角精度为 1 秒，测距精度为 1mm+1.5ppm·D。

该仪器经测绘仪器计量站检定合格。

5. 工作量

××市地铁九号线一期精密导线工程，由 9 段附合导线组成，共布设新导线点 60 个，已知首级 GPS 点 21 个，共观测 79 站。具体工作量如下：

(1)(G9041—G 轻轨 22)段，6 个导线点，4 个 GPS 点；
(2)(G 出口加工区厂房—G 恒大)段，5 个导线点，4 个 GPS 点；
(3)(G9018—G 出口加工区机关楼)段，21 个导线点，4 个 GPS 点；
(4)(G 新加坡城—G9017)段，7 个导线点，4 个 GPS 点；
(5)(G 胜利南街—G2 层厂房)段，4 个导线点，4 个 GPS 点；
(6)(G 水源地—G 玛丽蒂姆)段，8 个导线点，4 个 GPS 点；
(7)(G 国惠新能源—G 宏发家具)段，3 个导线点，4 个 GPS 点；
(8)(GMOMA 大厦—G 红星美凯龙)段，3 个导线点，4 个 GPS 点；
(9)(G 新湖小区—G 明华西江俪园)段，3 个导线点，5 个 GPS 点。

(二) 外业观测

(1)采用徕卡 TCRP1201+型全站仪，只有两个方向的，按左、右角方法进行观测，水平角度观测 4 个测回，距离观测 2 个测回，垂直角观测 2 个测回；三个方向的，按方向观测法进行观测。

(2)观测水平角时，半测回归零差小于 6″，一测回内 2C 较差小于 9″，同一方向值各测回较差小于 6″，特别是按左、右角法观测时，左、右角平均值之和与 360°的较差应小于 4″；观测距离时，每测回读数 4 次，一测回读数间的较差应小于 3mm，测回间平均值的较差应小于 4mm，往返测或不同时段观测结果较差小于 2($a+bd$)。

注：在实际测量工作中发现，在施测边垂直角较大、边长较远时，直接测设水平距离，对向观测距离较差很难满足限差要求，经与总工办沟通，经总工办认可，在对向较差满足限差要求时，可采用平距测量，其他部分采用斜距测量，因此外业观测手簿中存在既有平距也有斜距的情况。

(3)仪器及反光镜必须严格对中、整平，对点中误差小于 1mm。

(4)气压计、干湿温度计放置在仪器附近一段时间后，在进行距离测量时，输入气压、温度、湿度。

(5)由于大部分导线点位都布设在楼顶，边长归化用高程以××××勘察测绘研究院提供的部分点 GPS 高程为起算数据进行三角高程传递获得测站点近似高程，以进行距离改化。

(6)详细认真记录外业观测手簿。

注：在外业观测过程中发现一些点位的通视条件不好，存在视线离障碍物或热源距离较近的情况；个别点位的观测环境不好，如：观测环境狭窄、地面不稳定等情况。这些问题对导线的外业观测和导线的精度有一定的影响。

(三) 内业计算平差及精度分析

经过计算，各段导线角度闭合差及全长相对闭合差等全部满足技术设计限差要求。

测距边的水平距离的高程归化和投影改化按《城市轨道交通工程测量规范》(GB 50308—2008)中3.3章节进行。经与总工办沟通，确定在1980西安坐标系统下，测区的纬度为41.8°，曲率半径为 $R=6375.717$ km，测区的高程异常 $h=10.82$ m。平差采用"平差易2005"软件。

精度评定如表10-1、表10-2、表10-3所示：

表10-1　　　　　　　　　　　　　精度评定表(1)

测　段	G9041—G轻轨22	G出口加工区厂房—G恒大	G9018—G出口加工区机关楼	G新加坡城—G9017
导线(网)总长(km)	2.9	4.0	9.4	4.0
平均边长(m)	416.74	668.66	425.83	500.62
测角中误差(″)	0.04	1.21	0.35	0.06
测角中误差限差(″)	±2.5	±2.5	±2.5	±2.5
方位角闭合差(″)	−0.11	3.21	1.67	−0.19
方位角闭合差限差(″)	±14.14	±13.23	±23.98	±15.00
全长相对闭合差	1/12.0万	1/30.1万	1/11.9万	1/16.0万
全长相对闭合差限差	1/3.5万	1/3.5万	1/3.5万	1/3.5万
相邻点相对点位中误差(mm)	4.7	6.6	7.4	4.8
相邻点相对点位中误差限差(mm)	8.6	13.8	8.7	10.3
最弱点点位中误差(mm)	4.8	5.3	13.6	5.0
最弱点点位中误差限差(mm)	20.0	20.0	20.0	20.0

表10-2　　　　　　　　　　　　　精度评定表(2)

测　段	G胜利南街—G2层厂房	G水源地—G玛丽蒂姆	G国惠新能源—G宏发家具	GMOMA大厦—G红星美凯龙
导线(网)总长(km)	2.6	3.4	3.2	2.6
平均边长(m)	529.61	381.53	812.28	637.96
测角中误差(″)	0.04	1.74	1.52	0.73
测角中误差限差(″)	±2.5	±2.5	±2.5	±2.5
方位角闭合差(″)	0.11	5.52	3.4	−1.64

续表

测 段	G胜利南街—G2层厂房	G水源地—G玛丽蒂姆	G国惠新能源—G宏发家具	GMOMA大厦—G红星美凯龙
方位角闭合差限差(″)	±12.25	±15.81	±11.18	±11.18
全长相对闭合差	1/8.3万	1/31.9万	1/9.7万	1/20.8万
全长相对闭合差限差	1/3.5万	1/3.5万	1/3.5万	1/3.5万
相邻点相对点位中误差(mm)	9.1	4.9	9.7	3.8
相邻点相对点位中误差限差(mm)	10.9	8	16.7	13.2
最弱点点位中误差(mm)	7.4	6.0	7.5	2.9
最弱点点位中误差限差(mm)	20.0	20.0	20.0	20.0

表 10-3 精度评定表(3)

测 段	G新湖小区—G明华西江俪园
导线(网)总长(km)	3.1
平均边长(m)	614.99
测角中误差(″)	1.00
测角中误差限差(″)	±2.5
方位角闭合差(″)	2.44
方位角闭合差限差(″)	±11.18
全长相对闭合差	1/8.5万
全长相对闭合差限差	1/3.5万
相邻点相对点位中误差(mm)	6.5
相邻点相对点位中误差限差(mm)	12.7
最弱点点位中误差(mm)	6.5
最弱点点位中误差限差(mm)	20.0

注:《城市轨道交通工程测量规范》(GB 50308—2008)规定导线平均边长为350m,相邻点相对点位中误差限差为8mm;由于点位实际平均边长大多超过350m,经与××××勘察测绘研究院总工办沟通,相邻点相对点位中误差限差根据《城市测量规范》(GJJ/T 8—2011)4.5.2章节求得。

(即 $M_{ij} = \pm\sqrt{m_t^2 + m_u^2}$;$m_t = \pm S \cdot (1/T)$;$m_u = \pm S \cdot m_\beta/\rho''$。式中,$1/T$——测距相对中误差;$m_\beta$——测角中误差(″);$S$——导线平均边长(m);$M_{ij}$——导线相邻点的相对点位中误差(mm))

(四) 结论

××市地铁九号线一期精密导线因条件所限平均边长有所放大,但各项精度指标良好,满足设计精度要求。

(五)提交资料

(1)技术总结一份。
(2)检查报告一份。
(3)精密导线联测图一份。
(4)精密导线计算资料一份。
(5)外业观测手簿(5本)。
(6)精密导线成果表及精度评定一份。

二、实例二：××市地铁九号线一期地面控制测量精密水准观测技术总结报告

(一)任务来源

2012年10月我院受××地铁集团有限公司的委托，完成××市地铁九号线一期地面控制测量精密水准测量任务。

(二)作业技术依据

(1)《城市轨道交通工程测量规范》(GB 50308—2008)；
(2)《国家一、二等水准测量规范》(GB/T 12897—2006)；
(3)《工程测量规范》(GB 50026—2007)；
(4)《测绘成果质量检查与验收》(GB/T 24356—2009)；
(5)本项目专业设计书。

(三)高程系统及已有资料利用

1. 高程基准

高程基准采用1985国家高程基准。

2. 已有资料利用

本次测量地铁九号线一期地面控制测量控制点及高程起算成果资料均由××××勘察测绘研究院提供。

(四)组织实施

1. 人员投入情况

本次测量设有大队技术负责1人，大队质量负责1人，中队技术负责1人，中队质量检查员1人，投入1个水准外业小组(每组6人)，共计10人，其中高级工程师2人，工程师2人，测量技术员1人。

2. 设备投入情况

本次水准测量工作我队共投入DINI12天宝数字水准仪1台及配套标尺、笔记本电脑3台，HP激光打印机1台，兰德掌上电脑1台，车辆1辆。型号、规格等如表10-4所示。

表 10-4　　　使用的仪器、标尺和尺承的型号、规格、数量、检校情况

名　称	型号、规格	数量	编号	检校情况
数字水准仪	DINI12	1 台	701958	良好
条码式因瓦标尺	Trimble	1 副	11647/11648	良好
电子记簿器	兰德掌上电脑 HT-2680	1 台	00211063	良好
尺　承	尺桩	3 个		良好
	5kg 尺台	3 个		良好

在本次水准测量工作中，我队投入的 DINI12 天宝数字水准仪及配套的条码式因瓦标尺，均进行了检定，具有国家法定计量检定单位的检定证书，并保持在有效期内，检验项目符合规范、规定要求。

3．软件使用情况

(1)采用外挂兰德掌上电脑 HT-2680 电子记录器载入我队根据项目技术要求编写的软件进行精度控制与采集，并对其进行加密存储，内业检查及处理。

(2)采用 COSA 控制测量数据处理通用软件包(武汉大学)对外业数据进行平差计算。

4．质量保证措施

(1)生产中队抽调工作认真、有多年测量经验的生产人员作为生产小组组长。

(2)中队向小组作业人员讲解技术要求、特点及注意事项等，进一步提高作业人员的技术水平，强化作业人员的质量意识。根据掌握的测区实际情况，仔细研究，细化观测技术方案。

(3)质量控制采取作业小组对产品进行 200%的自查互校，作业中队进行 100%的详查，大队质检员对作业中队提交的观测成果进行 100%检查的方法，保证测绘成果质量。

5．任务完成情况

本次测量自 10 月 18 日至 11 月 2 日共完成精密水准 75.5km，连测控制点 56 个，其中高程检核点 3 个。

6．精度要求及水准观测技术指标

1)精度要求(表 10-5)

表 10-5　　　　　　　　　精密水准测量精度要求

测量等级	精密水准
M_Δ	1.0mm
M_w	2.0mm

2)水准观测技术指标

(1)精密水准测量往返测高差不符值、环线闭合差和检测高差较差的限差应满足表 10-6 的规定。

表 10-6 水准路线测量的限差要求

等级	测段、区段、路线往返测高差不符值(mm)	附合路线闭合差(mm)	环线闭合差(mm)	检测已测测段高差之差(mm)
精密水准	$4\sqrt{k}$	$4\sqrt{L}$	$4\sqrt{F}$	$6\sqrt{R}$

注：k——测段、区段或路线长度(km)；当测段长度小于 0.1km 时，按 0.1km 计算；
　　R——检测测段长度(km)，一般不小于 1km；
　　F——环线长度(km)；
　　L——附合路线长度(km)。

（2）测站视线长度(仪器至标尺距离)、前后视距差、视线高度、重复测量次数按表10-7 的规定执行。

表 10-7　　水准观测的主要技术要求（单位：m）

等级	仪器类型	视线长度		前后视距差		任一测站上前后视距差累积		视线高度		数字水准仪重复测量次数
		光学	数字	光学	数字	光学	数字	光学(下丝读数)	数字	
精密水准	DSZ05	≤50	≥3 且 ≤50	≤1.0	≤1.5	≤3.0	≤6.0	≥0.3	≤2.80 且 ≥0.55	≥2 次

注：下丝为近地面的视距丝。几何法数字水准仪视线高度的高端限差允许到 2.85m，相位法数字水准仪重复测量次数可以为上表中数值减少一次。

所有数字水准仪，在地面震动较大时，应随时增加重复测量次数。

（3）测站观测限差要求如表 10-8 所示：

表 10-8　　水准观测测站限差要求（单位：mm）

等级	上下丝读数平均值与中丝读数的差		基辅分划读数的差	基辅分划所测高差的差	检测间歇点高差的差
	0.5cm 刻划标尺	1cm 刻划标尺			
精密水准	1.5	3.0	0.4	0.6	1.0

7. 精度统计

1) 水准观测精度统计表(表 10-9)

表 10-9　　水准观测精度统计表

序号	路线编号	路线起止点	视线长度(m)		距地面和障碍物的距离		最大视距差(≤1.5m)	最大视距累积差(≤6.0m)	最大高差之差(≤0.4mm)	最大两次读数差(≤0.6mm)
			最小(≥3m)	最大(≤50m)	最低(≥0.55m)	最高(≤2.8m)				
1	SY08	839~845	3.4	49.9	0.553	2.63	-1.5	-3.6	-0.4	0.4
2	SY09	下伯官屯~953	3.4	50	0.553	2.755	-1.5	3.7	0.4	0.4

2) 附合路线(环)闭合差统计表(表 10-10)

表 10-10　　　　　　　　　　附合路线(环)闭合差统计表

序号	起始点名	结束点名	闭合差(mm)	附合路线长度(km)	允许值(mm)	备注
1	845	839	1.73	21.6	±18.59	附合路线
2	839	953	7.74	14.5	±15.23	附合路线
3	929	下伯官屯	5.70	18.4	±17.16	附合路线
4	953	929	−1.49	12.1	±13.91	附合路线
5	953	953	3.48	23.4	±19.35	环线

3) 精密水准路线及观测精度统计表(表 10-11)

表 10-11　　　　　　　　　　精密水准路线及观测精度统计表

序号	路线编号	路线起止点	路线长度(km)	总测段数	往返观测不符值 测段数 <1/3限差	往返观测不符值 测段数 <3/4且>1/3限差	往返观测不符值 测段数 >3/4限差	路线不符值(mm)	路线允许不符值(mm)	每km偶然中误差(mm)	路线高差(m)
1	SY08	839~845	21.6	23	21	2	0	−0.52	±18.59	±0.44	7.7648
2	SY09	下伯官屯~953	53.9	38	34	3	1	8.20	±29.37	±0.51	−14.372

4) 高程控制网精度统计表(表 10-12)

表 10-12　　　　　　　　　　高程控制网精度统计表

序号	网名	最大高程中误差(mm)
1	地铁九号线	3.28

5) 观测成果

(略)

6) 高程检核点高程比较(表 10-13)

表 10-13　　　　　　　　　　高程检核点高程比较对照表

序号	点名	H(m)−2012.11	已知值(m)	高程之差(mm)	$\sqrt{2}$ 高程中误差(mm)
1	S57	44.9029	44.9010	+1.9	±2.93
2	S58	44.5126	44.5121	+0.5	±3.00
3	809	41.5340	41.5341	−0.1	±4.64

7）提交资料（表 10-14）

表 10-14　　　　　　　　　　　　　　提交资料列表

序号	资料名称	册数	份数	备注
1	精密水准观测技术总结报告	1	1	电子版
2	平差计算报告	1	1	电子版
3	精密水准观测手簿	1	1	电子版
4	精密水准外业高差表	1	1	电子版
5	精密水准成果表	1	1	电子版
6	仪器及标尺检定资料	1	1	电子版
7	精密水准路线示意图	1	1	电子版
8	水准观测数据	1（张）	1	光盘

【项目小结】

在完成控制网平差计算后，还要对上述项目的实施情况做一个技术总结，即对控制测量过程中的技术设计文件和技术标准、规范等执行情况，技术设计方案实施中出现的主要技术问题和处理方法，成果（产品）质量、新技术的应用等进行分析研究、总结，并做出客观描述和评价，这项工作完成后，最后接受有关单位的检查验收。

【课后习题】

1. 列举测绘技术总结编写的主要依据。

2. 结合任务 2.2"某镇 1∶500 数字化地形图测绘控制测量技术设计书"，编写该项目技术总结。

参 考 文 献

[1] 刘岩. 控制测量[M]. 北京：科学技术文献出版社，2015.
[2] 陈传胜. 控制测量技术[M]. 武汉：武汉大学出版社，2014.
[3] 许加东. 控制测量[M]. 北京：中国电力出版社，2012.
[4] 林玉祥. 控制测量[M]. 北京：测绘出版社，2009.
[5] 邹娟茹. 控制测量技术[M]. 武汉：武汉大学出版社，2016.
[6] 黄文彬. GPS测量技术[M]. 北京：测绘出版社，2011.
[7] 中华人民共和国建设部，中华人民共和国国家质量监督检验检疫总局. 工程测量规范（GB 50026—2007）[S]. 北京：中国计划出版社，2008.
[8] 中华人民共和国住房和城乡建设部. 城市测量规范（CJJ/T 8—2011）[S]. 北京：中国建筑工业出版社，2012.
[9] 中华人民共和国国家质量监督检验检疫总局，中国国家标准化管理委员会. 国家一、二等水准测量规范（GB/T 12897—2006）[S]. 北京：中国标准出版社，2006.
[10] 中华人民共和国国家质量监督检验检疫总局，中国国家标准化管理委员会. 全球定位（GPS）测量规范（GB/T 18314—2009）[S]. 北京：中国标准出版社，2009.
[11] 国家测绘局. 测绘技术总结编写规定（CH/T 1001—2005）[S]. 北京：测绘出版社，2006.